国家示范（骨干）高职院校重点建设专业优质核心课程系列教材

Java 项目化教程

主　编　邹承俊　雷　静

副主编　张　霞　张　瑾　何兴无　任　华

中国水利水电出版社
www.waterpub.com.cn

内 容 提 要

本教材介绍了 Java 语言的开发使用技术。全书从开发环境搭建、计算器的开发、记事本应用程序的开发、成绩统计、停车收费管理程序、Java 游戏开发等项目入手，介绍了 Java 语言的详细使用方法和开发技术。

本书内容翔实，浅显易懂，图文并茂。将理论与实际操作相结合，重点放在对基础知识和基本操作技能的培养上。全书内容以项目化教学的方式进行编排，每个项目分为若干个任务来实施，在每个项目后面有思考题，便于组织教学。

本书适合作为高等院校、高职高专院校信息类专业的教材使用，也可作为各类培训班的学习教材以及电脑爱好者的自学用书。

本书提供电子课件、源代码等教学资源，读者可以从中国水利水电出版社网站以及万水书苑免费下载，网址为：http://www.waterpub.com.cn/softdown/或 http://www.wsbookshow.com。

图书在版编目（CIP）数据

Java项目化教程 / 邹承俊, 雷静主编. -- 北京：中国水利水电出版社, 2013.6（2021.12 重印）
 国家示范（骨干）高职院校重点建设专业优质核心课程系列教材
 ISBN 978-7-5170-0932-0

Ⅰ. ①J… Ⅱ. ①邹… ②雷… Ⅲ. ①JAVA语言－程序设计－高等职业教育－教材 Ⅳ. ①TP312

中国版本图书馆CIP数据核字(2013)第120629号

策划编辑：寇文杰　责任编辑：李 炎　加工编辑：李 皓　封面设计：李 佳

书　名	国家示范（骨干）高职院校重点建设专业优质核心课程系列教材 **Java 项目化教程**
作　者	主　编　邹承俊　雷　静 副主编　张　霞　张　瑾　何兴无　任　华
出版发行	中国水利水电出版社 （北京市海淀区玉渊潭南路1号D座　100038） 网址：www.waterpub.com.cn E-mail：mchannel@263.net（万水） 　　　　sales@waterpub.com.cn 电话：（010）68367658（发行部）、82562819（万水）
经　售	北京科水图书销售中心（零售） 电话：（010）88383994、63202643、68545874 全国各地新华书店和相关出版物销售网点
排　版	北京万水电子信息有限公司
印　刷	北京建宏印刷有限公司
规　格	184mm×260mm　16开本　15印张　388千字
版　次	2013年6月第1版　2021年12月第5次印刷
印　数	5001—5500 册
定　价	30.00 元

凡购买我社图书，如有缺页、倒页、脱页的，本社发行部负责调换

版权所有·侵权必究

编 委 会

主　任：刘智慧

副主任：龙　旭　徐大胜

委　员：（按姓氏笔划排序）

万　群　王　竹　王占峰　王志林　邓继辉

冯光荣　史　伟　叶少平　刘　增　阳　淑

张　霞　张忠明　邹承俊　易志清　罗泽林

徐　君　晏志谦　敬光宏　雷文全

前　　言

本书是由中国水利水电出版社和成都农业科技职业学院共同策划和组织编写的高职高专计算机系列教材之一。本书作者总结了几年来不同院校、不同专业 Java 程序设计课程的教学经验，融入自身的教学改革成果，力求体现高职教育的特点，满足人才对职业能力和工程能力培养的需求。

本书根据职业教育的培养目标，侧重技能传授，强化实践内容。从人类的思维模式出发，从锻炼学生的思维能力、培养学生运用编程语言及工具解决实际问题的能力出发，对教材的内容编排进行全新的尝试，打破传统教材的编写框架，按项目组织教学内容；符合老师的教学要求，方便学生学习。全书通过六个项目，由浅入深，从小到大，将所有的理论知识通过项目得以贯穿。采用项目化教学，任务驱动，教、学、做一体化，让学生在完成项目任务中享受成功的喜悦，激发学生的求知欲和学习兴趣。

Java 语言是网络时代广泛使用的面向对象的编程语言，具有可移植性、安全性、多线程机制等众多优点，具有非常高的技术性能，在业界得到越来越广泛的应用。本书以项目为载体，每个项目划分为若干任务，以任务描述、任务分析、预备知识、任务实施为线索进行编写，用实际操作指导读者解决问题、学习技能，使读者在短时间内掌握 Java 面向对象和 JDBC 技术。

全书六个项目的安排如下：项目一为开发环境搭建，安装配置 JDK 和 Eclipse；项目二为计算器的开发；项目三为记事本应用程序开发；项目四为成绩统计；项目五为停车收费管理程序；项目六为 Java 游戏开发。教学参考学时数在 102 之间，具体安排如下。项目一：4 学时；项目二：28 学时；项目三：20 学时；项目四：16 学时；项目五：18 学时；项目六：16 学时。使用者可根据具体情况增减学时。

本书内容简洁准确、结构严谨，在讲述原理的基础上注重实践，对实际操作具有很强的指导意义，特别适合高技能人才的培养需求。

本书由邹承俊、雷静主编，张霞、张瑾、何兴无、任华副主编，熊维军、蔡军、甘波参加部分编写工作。由于成都市知用公司和成都天荣北软公司的加入，使本书的项目选择更能体现企业的生产任务和生产过程的要求，在此表示感谢。

由于时间紧迫和编者水平的限制，书中的错误和缺点在所难免，热忱欢迎使用者对本书提出批评与建议。

本书提供电子课件、源代码等教学资源，读者可以从中国水利水电出版社网站（http://www.waterpub.com.cn/softdown/）、万水书苑（http://www.wsbookshow.com）和 http://netedu.cdnkxy.edu.cn/suite/solver/classView.do?classKey=3135203&menuNavKey=3135203 免费下载。

编　者

2013 年 3 月

目　　录

前言

提问：什么是 Java 语言？为什么要学习
　　　Java 语言？ ……………………………… 1
项目一　开发环境搭建 ………………………… 2
　项目目标 ……………………………………… 2
　任务一　安装配置 JDK …………………… 2
　任务二　安装使用 MyEclipse …………… 12
　请记住以下英语单词 ……………………… 19
项目二　计算器 ……………………………… 20
　项目目标 …………………………………… 20
　任务一　简单计算器程序 ………………… 20
　任务二　实现循环控制 …………………… 25
　任务三　面向对象编程 …………………… 30
　任务四　计算器界面设计 ………………… 38
　任务五　计算器基本功能实现 …………… 53
　任务六　异常处理 ………………………… 65
　请记住以下英语单词 ……………………… 71
项目三　记事本应用程序开发 ……………… 72
　项目目标 …………………………………… 72
　任务一　记事本界面设计 ………………… 72
　任务二　记事本的文本编辑功能 ………… 77
　任务三　完成对话框 ……………………… 88
　任务四　记事本的打开与保存功能 ……… 92
　任务五　打包程序 ………………………… 101
　请记住以下英语单词 ……………………… 107

项目四　成绩统计 …………………………… 109
　项目目标 …………………………………… 109
　任务一　计算单科成绩总和及平均值 …… 109
　任务二　存储对象 ………………………… 111
　任务三　学生成绩管理器 ………………… 124
　请记住以下英语单词 ……………………… 135
项目五　停车收费管理程序 ………………… 136
　项目目标 …………………………………… 136
　任务一　系统分析与设计 ………………… 136
　任务二　连接数据库 ……………………… 142
　任务三　用户登录功能 …………………… 147
　任务四　车辆入场模块实现 ……………… 155
　任务五　车辆收费模块实现 ……………… 161
　任务六　程序优化 ………………………… 167
　请记住以下英语单词 ……………………… 174
项目六　Java 游戏开发 ……………………… 175
　项目目标 …………………………………… 175
　任务一　面向对象的分析与设计 ………… 175
　任务二　主体框架搭建 …………………… 181
　任务三　方块产生与自动下落 …………… 188
　任务四　方块的移动与显示 ……………… 207
　任务五　障碍物的生成与消除 …………… 223
　任务六　游戏结束 ………………………… 229
　请记住以下英语单词 ……………………… 234

提问：什么是 Java 语言？
为什么要学习 Java 语言？

  Java 语言是由 Sun Microsystems 公司于 1995 年 5 月推出的跨平台、面向对象的程序设计语言。Java 语言具有卓越的通用性、安全性、高效性和可移植性，广泛应用于个人 PC、数据中心、游戏控制台、科学超级计算机、移动电话和互联网，同时拥有全球最大的开发者专业社群。

  Java 编程语言是种简单、面向对象、分布式、解释性、健壮、安全、与系统无关、可移植、高性能、多线程和动态的语言。

  Java 是种纯面向对象的程序设计语言，它继承了 C++ 语言面向对象技术的核心，舍弃了 C++ 语言中容易引起错误的指针（以引用取代）、运算符重载、多重继承等特性，增加了垃圾回收器功能，用于回收不再被引用的对象所占据的内存空间，使程序员不用再为内存管理而担忧。

  Java 不同于一般的编译执行计算机语言和解释执行计算机语言。它首先将源代码编译成二进制字节码（bytecode），然后依赖 Java 虚拟机（Java Virtual Machine）来解释执行字节码，从而实现"一次编译、到处执行"的跨平台特性。

项目一

开发环境搭建

项目目标

通过本项目的学习，了解 Java 程序的运行机制，完成开发 Java 应用程序所需要的开发平台的搭建，掌握 Java 应用程序的基本开发调试方法。

任务一 安装配置 JDK

【任务描述】

学习"预备知识"所述内容，了解 Java 程序的运行原理，搭建一个基本的开发平台。

【任务分析】

使用任何一种语言进行程序设计开发都需要搭建一个开发平台。例如开发 C 语言编写的程序可以使用 Visual C++，C-Free 等。那么开发 Java 语言编写的程序，也需要相应的开发平台。

本任务的关键点：

- 了解 Java 程序的运行原理。
- 能够配置 JDK 环境变量。
- 能够编写一个简单的 Java 程序，并调试运行。

【预备知识】

Java 是一种简单、跨平台、面向对象、分布式、解释性、健壮、安全、结构、中立、可移植、性能很优异的多线程动态语言。在 1995 年 Sun 推出 Java 语言之后，Java 语言逐渐占据了越来越大的市场份额。

它最初被命名为 Oak，目标设定在家用电器等小型系统的编程语言，来解决诸如电视机、电话、闹钟、烤面包机等家用电器的控制和通讯问题。由于当年这些智能化家电的市场需求没有预期的高，

Sun 放弃了该项计划。就在 Oak 几近失败时，随着互联网的发展，Sun 看到了 Oak 在计算机网络上的广阔应用前景，于是改造了 Oak，以"Java"的名称正式发布。

Java 编程语言的风格十分接近 C、C++语言。Java 是纯面向对象的程序设计语言，它继承了 C++语言面向对象技术的核心，舍弃了 C++语言中容易引起错误的指针（以引用取代）、运算符重载（operator overloading）、多重继承（以接口取代）等特性，增加了垃圾回收器功能用于回收不再被引用的对象所占据的内存空间，使程序员不用再为内存管理而担忧。在 Java SE 1.5 版本中，Java 又引入了泛型编程（Generic Programming）、类型安全的枚举、不定长参数和自动装/拆箱等语言特性。

Java 不同于一般的编译执行计算机语言和解释执行计算机语言。它首先将源代码编译成二进制字节码（bytecode），然后依赖各种不同平台上的虚拟机来解释执行字节码，从而实现了"一次编译、到处执行"的跨平台特性。

Java 程序的开发需要使用 JDK。JDK 是 Sun Microsystems 公司针对 Java 开发人员开发的产品，其中包括了 Java 运行环境、Java 工具和 Java 基础类库。没有 JDK，就无法安装或者运行 Java 程序。

JDK 中有三个版本：

- SE(J2SE)，standard edition，标准版，是通常用的一个版本，从 JDK 5.0 开始，改名为 Java SE。
- EE(J2EE)，enterprise edition，企业版，使用这种 JDK 开发 J2EE 应用程序，从 JDK 5.0 开始，改名为 Java EE。
- ME(J2ME)，micro edition，主要用于移动设备、嵌入式设备上的 Java 应用程序，从 JDK 5.0 开始，改名为 Java ME。

JDK 的基本组件包括：

- javac——编译器，将源程序转成字节码。
- jar——打包工具，将相关的类文件打包成一个文件。
- javadoc——文档生成器，从源码注释中提取文档。
- jdb——debugger，查错工具。
- java——运行编译后的 Java 程序（.class 后缀的）。
- appletviewer——小程序浏览器，一种执行 HTML 文件上的 Java 小程序的 Java 浏览器。

【任务实施】

1. 安装配置 JDK

下载 JDK1.6，双击进行安装，如图 1-1 所示。

选择需要安装的功能，如图 1-2 所示。包括开发工具，公共 JRE，源代码，演示程序及样例等，可以根据需要选择安装，如图 1-3 所示。选择安装路径，单击"更改"按钮可以更改安装路径，如图 1-4 所示。记住安装路径，安装完成后进行环境配置时需要使用。

单击"下一步"，进行解压安装，如图 1-5 所示，安装完成可以看到信息提示界面，如图 1-6 所示，安装完成。

2. 配置 JDK 环境变量

JDK 安装完成后，不能直接使用，需要在操作系统中配置环境变量后，方可使用。

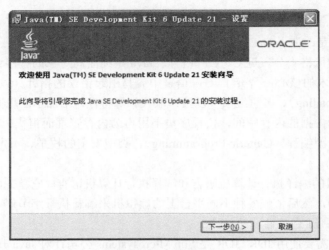

图 1-1　安装 JDK

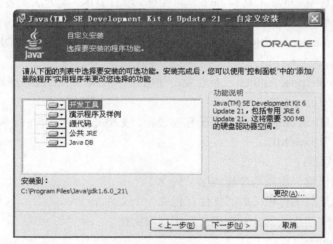

图 1-2　选择安装功能

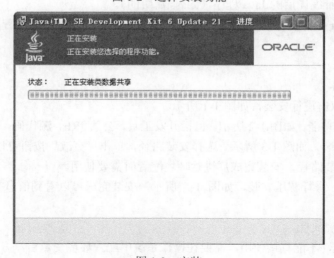

图 1-3　安装

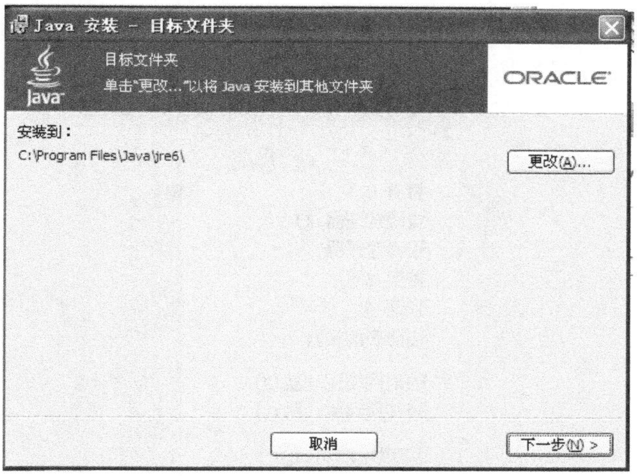

图 1-4　选择安装路径

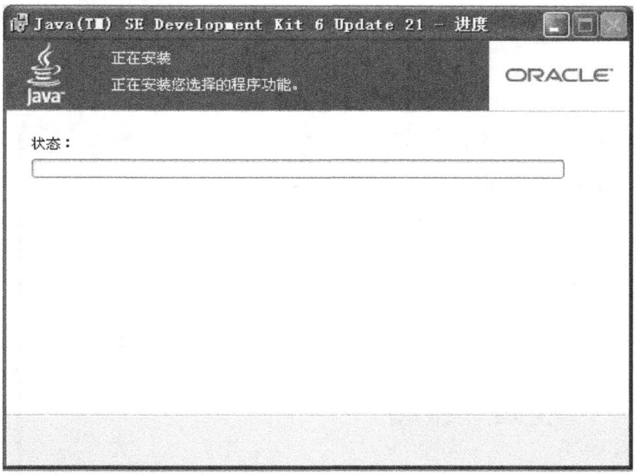

图 1-5　安装

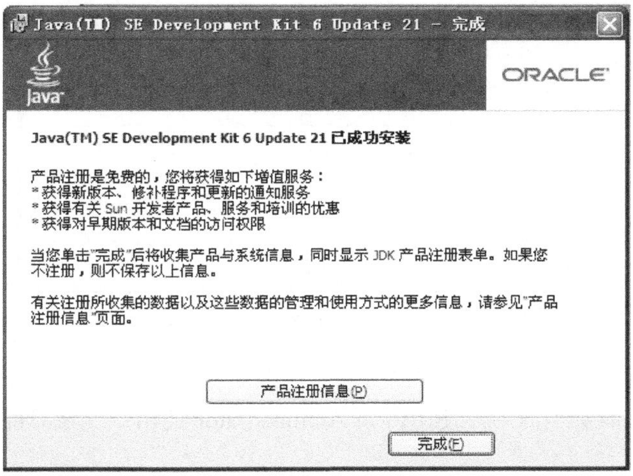

图 1-6　安装完成

右键单击"我的电脑",在弹出菜单中选择"属性",如图 1-7 所示,在"系统属性"中选择"高级"选项卡,单击"环境变量"按钮,如图 1-8 所示。

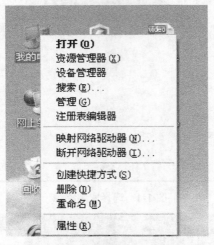

图 1-7 "我的电脑"属性

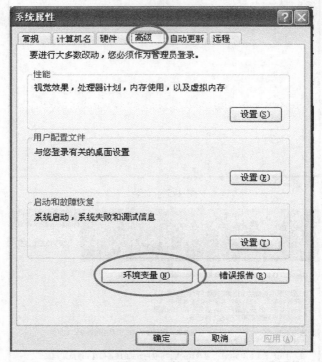

图 1-8 环境变量

环境变量中分为两类:用户变量和系统变量,如图 1-9 所示。配置为系统变量可供所有用户使用,配置为用户变量只能供当前用户使用,如 Administrator 的用户变量只能供 Administrator 用户使用。

需要配置两个系统变量 path 和 classpath,path 变量已经存在,如图 1-10 所示。可以选择"path"

变量，单击"编辑"按钮，弹出如图 1-11 所示对话框。

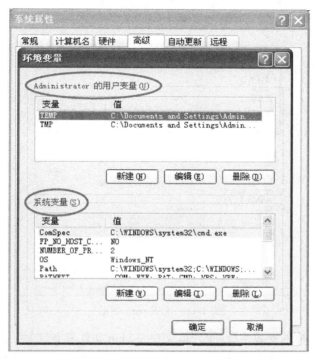

图 1-9　用户变量和系统变量

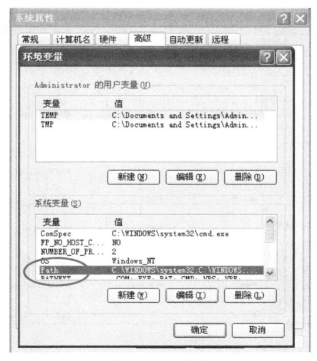

图 1-10　Path 变量

图 1-11　配置 path 变量

path 变量的值为 JDK 的安装路径下的 bin 文件夹，bin 文件夹下包含可以运行的 Java 命令，如图 1-12 所示。path=C:\Program Files\Java\jdk1.6.0_21\bin;，path 变量值之前有其他应用程序的值，因此在写入 bin 路径之前，加上"分号"用以区分。

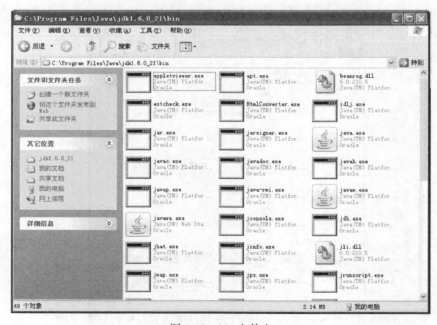

图 1-12　bin 文件夹

classpath 变量不存在，因此单击"新建"按钮，新建环境变量 classpath，变量值为 JDK 的 lib

文件夹的路径。JDK 的 lib 文件夹包含 Java 的基本类库，如图 1-13 所示。

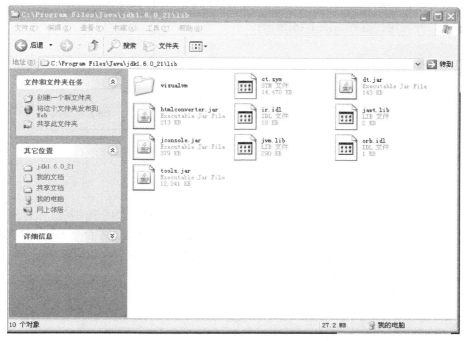

图 1-13　lib 文件夹

classpath 变量的值应为 JDK 的 lib 文件夹路径，并在路径前面加 ".;"，表示可以加载应用程序当前目录及其子目录中的类。Classpath=.;C:\Program Files\Java\jdk1.6.0_21\lib;，如图 1-14 所示。

图 1-14　配置 classpath 变量

3. 编译调试 Java 程序

验证环境变量是否配置成功，需要编写一个简单的 Java 程序在命令提示行工具中运行。
Java 程序的开发运行过程如图 1-15 所示：

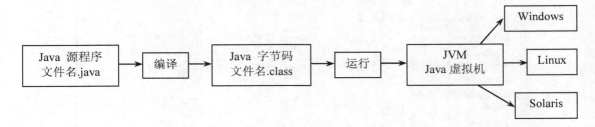

图 1-15 Java 程序的开发运行过程

第一步：编写 Java 源程序，该文件可以使用文本编辑器编写，源程序的扩展名为.java；
第二步：编译 Java 源程序，使用 Java 编译器（javac.exe）编译源文件得到 Java 二进制字节码；
第三步：运行 Java 程序，Java 虚拟机（JVM）可以将 Java 二进制字节码解释给不同的硬件平台，所以 Java 程序可以"一次编译，多次运行"。

新建一个文本文件，如图 1-16 所示，将扩展名改为".java"。

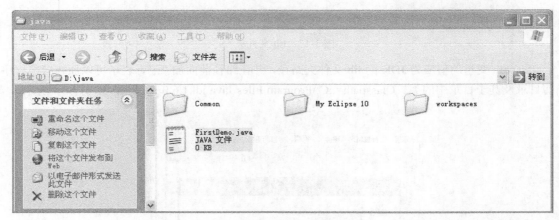

图 1-16 创建文本文档

打开该文档，编写如下程序。

```
//公共的类，名为 FirstDemo
public class FirstDemo{
//main 方法为 Java 应用程序的入口
    public static void main(String args[]){
//将双引号中的内容打印到控制台
    System.out.print("First Demo");
    }
}
```

编写要点：
- 保存后将文件名称更改为 FirstDemo，文件名必须和类名称相同。
- //为 Java 单行注释符号，/*...*/为 Java 多行注释符号。

- main 方法是 Java 应用程序的开始，一个 Java 应用程序有且只能有一个 main 方法。
- Java 语言严格区分大小写。
- 若编译发现错误，需要在源文件上进行修改，修改后需要重新编译，才能执行。

单击"开始"菜单，选择"运行"，输入"cmd"打开命令提示行工具，如图 1-17 所示。

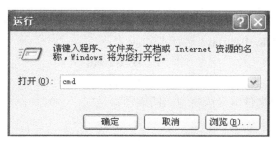

图 1-17 运行菜单

在命令行提示工具中，将路径转换到 Java 程序所在路径，输入 javac 命令将源程序编译为二进制字节码，使用 java 命令运行程序得到结果，如图 1-18 所示。

图 1-18 编译调试程序

提示：

命令提示行工具中改变路径的常用命令见表 1.1。

表 1.1 常用 DOS 命令及说明

命令	说明
D:	跳转到 D 盘
cd\	回到当前分区根目录
cd **文件夹名	进入**文件夹

【任务小结】

本任务主要是介绍如何安装配置 JDK，搭建一个 Java 程序可以运行的平台。了解基本的 Java 程序结构，能够编译并运行 Java 程序。

【思考与习题】

1. 下面（　　）是 JDK 中的 Java 运行工具。
   A．javadoc	B．javam
   C．java	D．javar
2. 用于将 java 源代码文件编译成字节码的编译器是（　　）。
   A．javac	B．java
   C．jdb	D．javah
3. Java 应用程序的入口方法是（　　）。
   A．start()	B．init()
   C．paint()	D．main()

任务二　安装使用 MyEclipse

【任务描述】

学会安装 MyEclipse，并能够在其中开发调试 Java 应用程序。

【任务分析】

使用 JDK 编译调试 Java 程序，存在很多不方便，无法直接修改，无法跟踪调试，不能完成更多复杂的程序的开发。因此，Java 开发人员需要一种更加方便使用的开发平台。MyEclipse 是当前开发 Java 程序的主流开发平台。

本任务的关键点：
- MyEclipse 的安装。
- 在 MyEclipse 中创建 Java 工程及 Java 类。
- 在 MyEclipse 中调试及运行 Java 程序。

【预备知识】

MyEclipse 是一种更高效，被众多开发人员使用的开发平台。MyEclipse 企业级工作平台（MyEclipse Enterprise Workbench，简称 MyEclipse）是一个十分优秀的用于 Java、J2EE 的 Eclipse 插件集合，MyEclipse 功能非常强大，支持也十分广泛，尤其对多种开源产品的支持十分不错。它是功能丰富的 JavaSE、JavaEE 集成开发环境，包括了完备的编码、调试、测试和发布功能，完整支持 HTML、Struts、JSP、CSS、Javascript、SQL、Hibernate。不但能够适用于 Java 应用程序的开发，而且能够适用于 Java Web 程序、Java 框架技术，是 Java 程序开发人员必须掌握的开发工具之一。

【任务实施】

1. 安装 MyEclipse

安装 MyEclipse，双击安装程序，弹出如图 1-19 所示对话框。

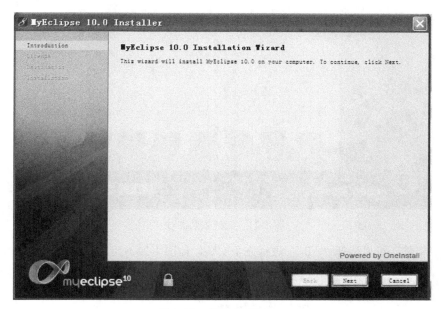

图 1-19　安装 MyEclipse

同意协议，单击"下一步"，如图 1-20 所示。

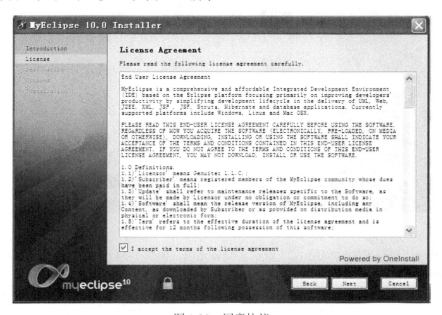

图 1-20　同意协议

选择安装路径，单击"Change"按钮，可以修改安装路径，如图 1-21 所示。

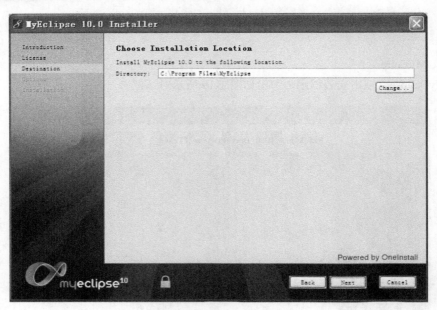

图 1-21 选择安装路径

选择安装组件，可以选择"All"，进行完全安装，如图 1-22 所示。

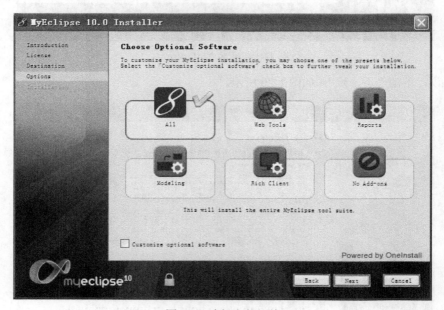

图 1-22 选择安装组件

单击"Next"进行安装，如图 1-23 所示。安装完成，如图 1-24 所示。

2. 使用 MyEclipse 开发程序

单击"开始"→"所有程序"→"MyEclipse"，启动 MyEclipse。第一次启动时，会弹出选择工作区（workspace）的路径的对话框，如图 1-25 所示。工作区是未来所开发的程序存放的路径。写完的程序可以在这个路径下去查找。

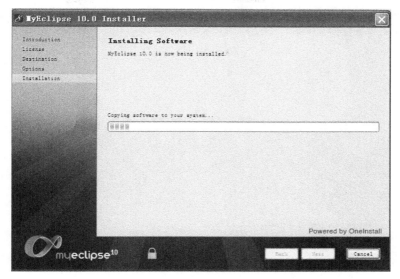

图 1-23　安装程序

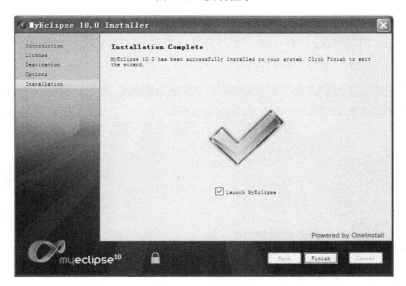

图 1-24　安装完成

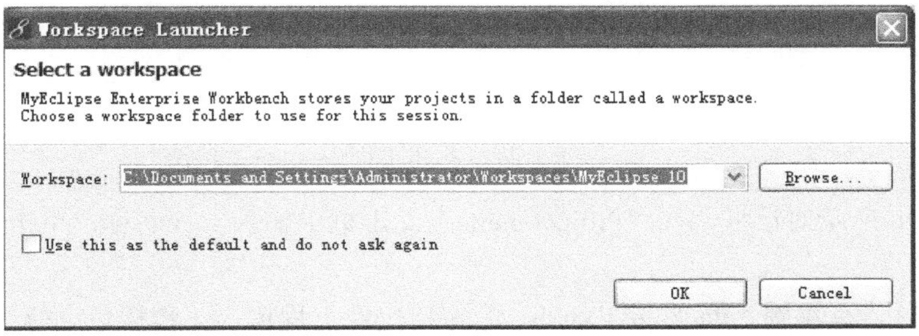

图 1-25　选择 workspace

MyEclipse 启动完成后的界面如图 1-26 所示。

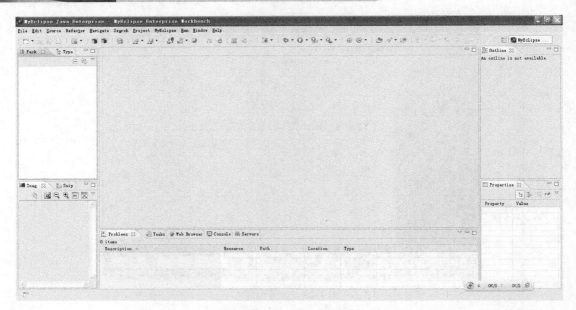

图 1-26　MyEclipse 主界面

使用 MyEclipse 开发 Java 程序的第一步是建立一个项目，一个独立的程序就需要一个项目。单击"File"菜单→"New"→"Java Project"，如图 1-27 所示。

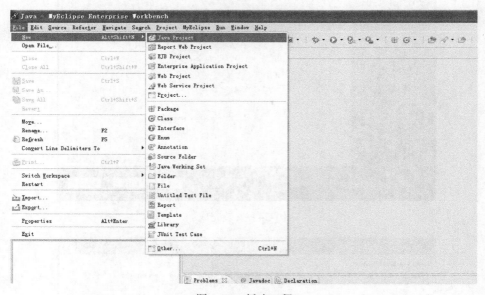

图 1-27　新建工程

弹出如图 1-28 所示对话框，在"Project name"文本框中输入工程名称，单击"Finish"按钮，新建工程完成。

工程新建之后，在左侧"Package Explorer"窗口出现工程树，工程树包含两个部分：src 文件夹，以及 JRE System Library。

第二步，在 src 文件夹下，创建 Java class。右键单击 src 文件夹，在弹出菜单中选择"New"

→"class",如图 1-29 所示。

图 1-28　新建工程对话框

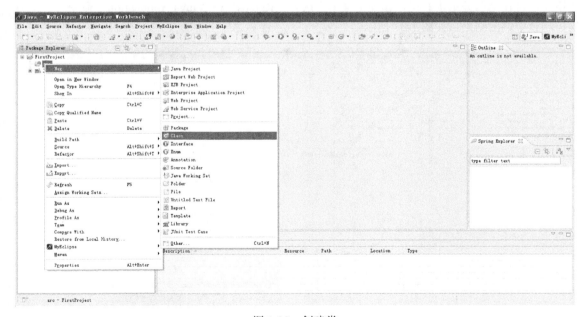

图 1-29　创建类

弹出创建类的对话框,在"Name"文本框中输入类的名称,勾选"public static void main(String [] args)",类中会自动生成 main 方法。单击"Finish"按钮,完成类创建,如图 1-30 所示。

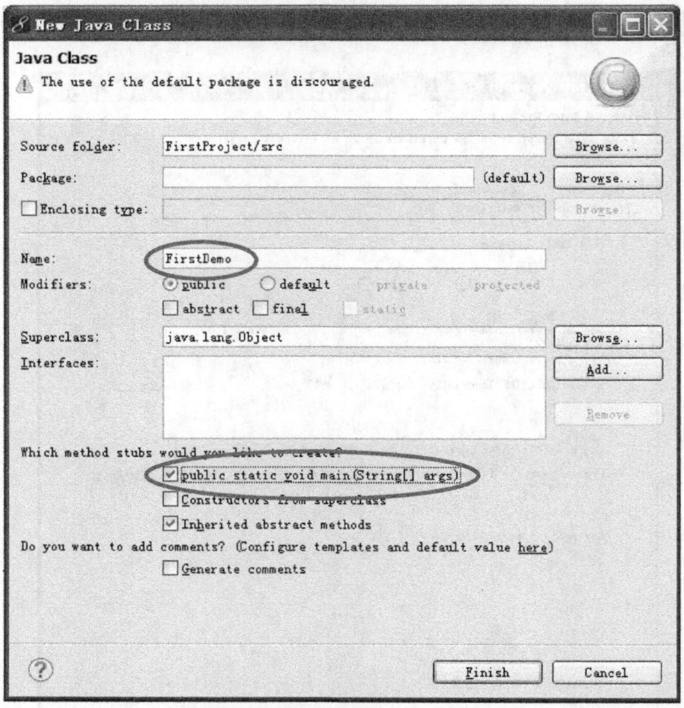

Java 项目化教程

图 1-30　创建类

在编写区域完成 Java 程序，若出现语法错误，MyEclipse 会出现红色下划线提示错误，若无语法错误，可在空白处单击右键，在弹出菜单中选择"Run as"→"Java Application"命令。在下方的控制台中输出结果，如图 1-31 所示。

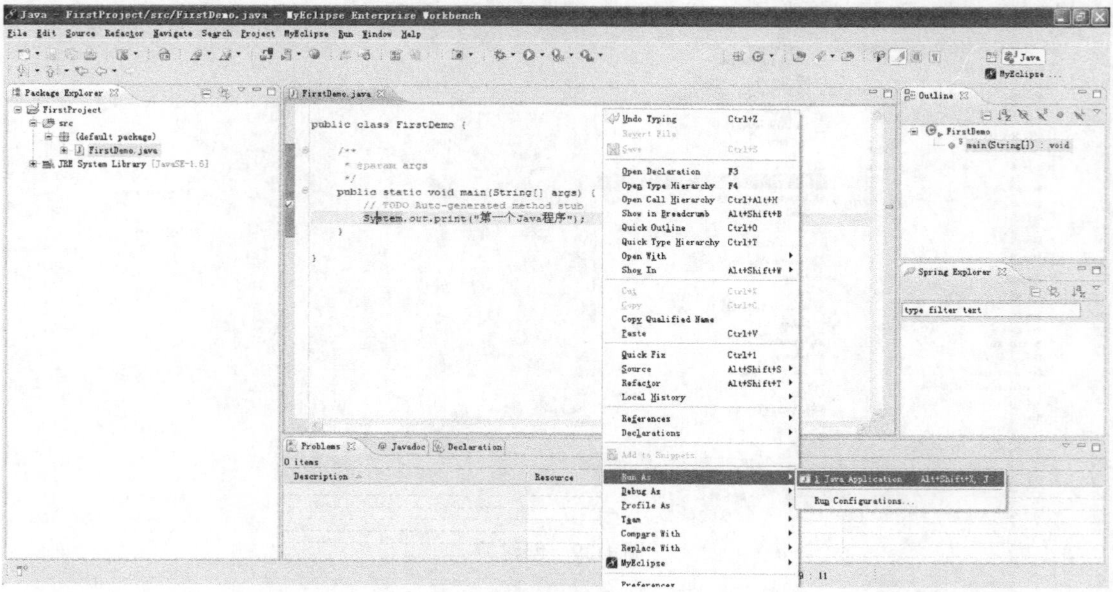

图 1-31　输出结果

【任务小结】

本任务主要完成 MyEclipse 的安装，能够使用 MyEclipse 开发、调试和运行 Java 应用程序。

【思考与习题】

1. 查阅资料后回答，如何在 MyEclipse 中加入一个已经存在的 Java Project？如何将一个 Java Project 保存到其他位置？
2. 请解释什么是 Java 虚拟机？它的工作过程是什么？
3. Java 程序的单行注释符是什么？多行注释符是什么？

请记住以下英语单词

java ['dʒævə, 'dʒɑːvə] 程序开发语言　　　　Eclipse [i'klips] 日，月食
path [pɑːθ] 路径　　　　　　　　　　　　class [klɑːs] 种类，门类
name [neim] 名字，名称　　　　　　　　　project [prə'dʒekt] 项目，计划，方案，课题
finish ['finiʃ] 结束，完成　　　　　　　　file [fail] 文件夹，文件（计算机）
workspace [wəːkspeis] 工作区（计算机）　　public ['pʌblik] 公开的，当众的
main [mein] 主要的，最重要的
application [ˌæpli'keiʃən] 实际应用，用途，应用程序（计算机）

项目二

计算器

项目目标

完成简单计算器的程序设计,能够通过控制台实现两个数的加、减、乘、除。通过本项目,掌握 Java 的基本语法,面向对象的编程思想,图形界面的简单设计及事件处理。

任务一 简单计算器程序

【任务描述】

学习"预备知识"中关于 Java 的基本语法后,编写一个程序能够实现两个数的相加、相减、相乘和相除。

【任务分析】

本任务的关键点:
- 变量的声明和使用。
- 合法标识符的声明。
- Java 的 8 种基本数据类型。
- 数据类型的自动转换与强制转换。
- 各种运算符的含义及使用。

【预备知识】

1. 变量
(1) 变量的定义
应用程序使用变量来存储在执行过程中需要的或生成的数据。变量是 Java 程序中存储数据的基本单元。

声明变量的语法为:

数据类型 变量名[=值][,标识符[=值]...];

Java 中的所有变量都必须声明后才能使用。通过逗号将标识符隔开可以声明多个变量，变量区分大小写。

（2）标识符

用来标识类名、变量名、方法名、类型名、数组名、文件名的有效字符序列称为标识符。Java 语言规定标识符由字母、数字、下划线"_"和美元符号"$"组成，并且第一个字符不能是数字符号。Java 语言中的标识符严格区分大小写。

关于标识符的另一个重要限制是，不能使用 Java 语言的关键字。Java 标识符的长度没有任何限制。

注意：通常规范的标识符命名要求：

变量名：不能以"_"或"$"符号开头，尽管在语法上是允许的。首字母小写，如果一个变量名包括几个单词，将几个单词写在一起，除第一个单词外，每个单词的首字母大写。如：myVariable。

类名：不能以"_"或"$"符号开头，尽管在语法上是允许的。首字母大写，如果一个变量名包括几个单词，将几个单词写在一起，每个单词的首字母大写。如：MyFirstDemo。

常量名：所有字母大写，单词之间以下划线连接。如：MY_CONST。

2. 数据类型

（1）基本数据类型

Java 语言中的数据类型分为基本数据类型和引用数据类型两个类别。基本数据类型一次可以存储一个值，这些类型包括 boolean、byte、short、int、long、float、double 和 char。表 2.1 列出了各种基本数据类型的值的大小和范围。

表 2.1　基本数据类型

数据类型	大小（位）	范围	说明
byte（字节型）	8	$-128 \sim 127$	用于存储以字节计算的小额数据。当与来自网络或文件的数据流一起使用时，它将非常有用
char（字符型）	16	'\u0000'～'uFFFF'	用于存储名称或字符数据
boolean（布尔型）	1	true/false	用于存储真值或假值
short（短整型）	16	$-32768 \sim 32767$	用于存储小于 32767 的整数
int（整型）	32	$-2,147,483,648 \sim 2,147,483,647$	用于存储较大的整数
long（长整型）	64	$-9,223,372,036,854,775,808 \sim 9,223,372,036,854,775,807$	用于存储非常大的整数
float（浮点型）	32	$-3.40292347E+38 \sim 3.40292347E+38$	用于存储带有小数的数字
double（双精度）	64	$-1.79769313486231570E+308 \sim 1.79769313486231570E+308$	用于存储小于 1.79769313486231570E+308 的带小数的大型数值

（2）引用数据类型

Java 中有 3 种引用数据类型，存储在引用类型变量中的值是该变量表示的值的地址。

表 2.2 列出了各种引用数据类型。

表 2.2　引用数据类型

数据类型	说明
数组	具有相同数据类型的变量的集合
类	变量和方法的集合
接口	一个抽象类,其创建目的是为了实现 Java 中的多重继承

例 2.1　基本数据类型举例。

```
public class example1_1{
    public static void main(String []args){
    //声明整型变量 a
    int a;
    //声明短整型变量 a 和 b,并赋值
    short a=8,b=3;
    //声明一个字符型变量,并赋值
    char c='a';
    //声明一个浮点型变量并赋值,一个长整型变量
    float d=9.8f;
    long g;
    }
}
```

(3) 数据类型转换

观察以下两个语句:

①float a= int b;

②int b= float a;

在 Java 语言中可以将一种数据类型的变量的值赋给另一种类型的变量。当两种类型兼容并且目标类型大于源类型时,数据类型可以发生自动转换,所以语句①是正确的。

例如 long 型数据可以存放 int 型数据,因为 long 型数据宽度足够。在这种类型的转换中,数值类型(包含整型和浮点型)相互兼容。数值类型与 char 和 boolean 类型不兼容,char 和 boolean 也互不兼容。因此,语句②是错误的,int 型的数据宽度小于 float 型,因此不会发生自动类型转换。

如果一定要把 float 型的值赋给 int 型,必须显式地强制类型转换。

int b=(int)float a;

3. 运算符

Java 提供了一组丰富的运算符,如算术运算符、赋值运算符、关系运算符和逻辑运算符。

(1) 算术运算符

算术运算符使用数值操作数。这些运算符用于数学计算,也可以用于字符操作数,但不能用于布尔操作数,如表 2.3 所示。

(2) 赋值运算符

赋值运算符用于给变量赋值,可以同时给多个变量赋值,如表 2.4 所示。

(3) 关系运算符

关系运算符可以测试两个操作数之间的关系,如表 2.5 所示。使用关系运算符的表达式的结果

为 boolean 型（true 或 false）。

表 2.3 算术运算符

运算符	用法	说明
+	op1+op2	两个操作数执行加法，返回操作的和
-	op1-op2	两个操作数执行减法，返回操作的差
*	op1*op2	两个操作数执行乘法，返回操作的积
/	op1/op2	两个操作数执行除法，返回操作的商
%	op1%op2	两个操作数执行整除取余，返回操作的余数
++	op1++op2	将操作数的值加 1
--	op1--op2	将操作数的值减 1

表 2.4 赋值运算符

运算符	用法	说明
=	op1=op2	右边操作数将值赋给左边操作数
+=	op1+=op2	左边操作数加右边操作数的值，然后将和赋给左边的操作数
-=	op1-=op2	左边操作数减右边操作数的值，然后将差赋给左边的操作数
*=	op1*=op2	左边操作数乘右边操作数的值，然后将积赋给左边的操作数
/=	op1/=op2	左边操作数除右边操作数的值，然后将商赋给左边的操作数
%=	op1%=op2	左边操作数整除取余右边操作数的值，然后将余数赋给左边的操作数

表 2.5 关系运算符

运算符	用法	说明
==	op1==op2	等于，检查两个数是否相等
!=	op1!=op2	不等于，检查两个数是否不等
>	op1>op2	大于，检查左边的值是否大于右边的值
<	op1<op2	小于，检查左边的值是否小于右边的值
>=	op1>=op2	大于等于，检查左边的值是否大于等于右边的值
<=	op1<=op2	小于等于，检查左边的值是否小于等于右边的值

（4）逻辑运算符

逻辑运算符与 boolean 操作数一起使用，如表 2.6 所示。

表 2.6 逻辑运算符

运算符	用法	说明
&	expression1&expression2	逻辑与，只有当两个表达式都为真时，结果为真
&&	expression1&&expression2	短路与，与逻辑与相同，但左边的表达式为假时，不计算右边的表达式，结果为假
|	expression1|expression2	逻辑或，任意一个表达式的值为真，结果为真

续表

运算符	用法	说明
||	expression1||expression2	短路或，与逻辑或相同，但左边的表达式为真时，不计算右边的表达式，结果为真
^	expression1^expression2	逻辑异或，两个表达式同为真或同为假，结果为假；两个表达式值不同，结果为真
!	! expression1	逻辑非，将值从真反转为假，或从假反转为真

【任务实施】

完成该程序，需要两个数，而存储这两个数，需要两个变量，存储运算结果需要第三个变量。只有数值类型的数据才能实现算术运算，为了提高精度，采用 float 类型。

```java
public class calculator{
    public static void main(String [] args){
        //定义三个变量
        float num1,num2,result;
        //给变量赋值
        num1=9.0f;
        num2=3.0f;
        //实现加法
        result=num1+num2;
        //将结果打印输出到控制台
        System.out.println(num1+"+"+num2+"="+result);

        //实现减法
        result=num1-num2;
        //将结果打印输出到控制台
        System.out.println(num1+"-"+num2+"="+result);

        //实现乘法
        result=num1*num2;
        //将结果打印输出到控制台
        System.out.println(num1+"*"+num2+"="+result);

        //实现除法
        result=num1/num2;
        //将结果打印输出到控制台
        System.out.println(num1+"/"+num2+"="+result);

    }
}
```

思考：若将 num1、num2 定义为 int，result 定义为 float，result=num1/num2 后，result 的值有何变化？

【任务小结】

本任务主要通过学习 Java 的变量、标识符、数据类型及各类运算符的使用，完成一个实现两个数加减乘除功能的程序。

【思考与习题】

1. 在 Java 中，byte 数据类型的范围是（　　）。
   A．-32767～32768　　　　　　B．-32768～32767
   C．-127～128　　　　　　　　D．-128～127
2. 以下（　　）是合法的标识符。
   A．Tel-num　　　B．emp1　　　C．8676　　　D．batch.no
3. 下列（　　）不是 Java 保留字？
   A．sizeof　　　B．super　　　C．abstract　　　D．break
4. 若有定义 int a=1,b=2; 则表达式(a++)+(++b) 的值是（　　）。
   A．3　　　　　B．4　　　　　C．5　　　　　D．6
5. 完善简单计算器的程序设计，能够通过控制台实现两个数的整除取余。

任务二　实现循环控制

【任务描述】

编写程序实现 X^n 及 n!。

【任务分析】

X^n 及 n!的计算都是 n 次重复计算，重复的操作是计算机最擅长的，在程序设计中，重复操作可以通过循环控制语句实现。

本任务的关键点：
- 条件控制语句的使用。
- 循环控制语句的使用。
- 跳转语句的使用。

【预备知识】

所有的应用程序开发环境都提供一个判断过程，称为控制流语句，它用于引导应用程序的执行。在一个应用程序中，程序员需要使应用程序能够检查现有的条件并决定适当的操作过程。这样的语句称为选择语句。控制流语句还可用于循环或迭代中。当条件为真时，语句将继续重复执行。当条件变为假时，循环结束，控制权传递至循环语句后面的语句。跳转语句用于控制循环语句，它允许程序以非线性方式来执行。

1. 条件控制语句

（1）if-else 语句
该语句的语法格式：
```
if(condition){
    statements1;
}else{
    statements2;
}
```

其中，condition 是一个包含比较运算符的布尔表达式，其返回值为 true 或 false。若返回 true，则执行 statements1，若返回 false，则执行 statements2。

注意：不要省略大括号，避免引起错误。

例2.2　判断 a 是正数还是负数。

```
public class example1_2{
    public static void main(String args[]){
        int a=-8;
        if(a>0){
            System.out.println("a 是正数");
        }else if(a<0){
            System.out.println("a 是负数");
        }else{
            System.out.println("a 是 0");
        }
    }
}
```

（2）switch 语句

该语句的语法格式：

```
switch(expression){
    case value1:
        statements1;
        break;
    case value2:
        statements2;
        break;
    case value3:
        statements3;
        break;
    …
    case valueN:
        statementsN;
        break;
    default:
        statements;
}
```

其中，expression 是一个变量，包含将要计算的值。它必须属于 byte、short、int 或 char 型。value1、value2…valueN 是可能与 expression 变量中的值相匹配的常量值。statements1…statementsN 是在相应的 case 语句的值为真时需要执行的语句。

break 是一个关键字，用于当表达式的值为真时结束 switch-case 语句。

default 是一个可选的关键字，用于只有当所有 case 语句的值为假时指定将要执行的语句。

例2.3　根据月份，输出当月的天数。

```
public class example1_3{
    public static void mian(String []args){
        int month=3;
        int days=0;
        switch(month){
            case 1:
                days=31;
                break;
```

```
        case 2:
            //暂不考虑闰年
            days=28;
            break;
        case 3:
            days=31;
            break;
        case 4:
            days=30;
            break;
        case 5:
            days=31;
            break;
        …
        case 11:
            days=30;
            break;
        case 12:
            days=31;
            break;
        default:
            days=0;
            break;
    }
    System.out.println(month+"月有"+days+"天");

}
```

2. 循环控制语句

循环使程序的某一部分重复执行若干次。当条件为真时,将继续重复执行;当条件为假时,循环结束,控制权传递至循环体后面的语句。

(1) while 语句

该语句的语法格式:

```
while(condition){
    statements;
}
```

其中,condition 是布尔表达式,返回值为 true 或 false。只要返回值为 true,循环就继续执行。statements 是条件的值为 true 时将要执行的语句。

只要指定条件的值为真时,while 循环就执行某个语句或语句集。当程序员事先不知道循环将反复执行几次时,这种循环非常有用。

例 2.4 使用 while 循环计算 1 到 100 的和。

```
public class example1_4{
    public static void main(String []args){
        int count=1;
        int sum=0;
        while(count<=100){
            sum=sum+count;
            count++;
        }
        System.out.println("1 到 100 的和为"+sum);
    }
}
```

（2）do-while 循环

该语句的语法格式：

```
do{
    statements;
}while(condition);
```

其中，statements 首先将无条件执行，随后只有当指定条件的值为真时才执行。condition 是一个 boolean 表达式，其返回值为 true 或 false。首次循环执行后，只要返回值为 true，该循环就继续执行。

例 2.5　使用 do-while 循环计算 1 到 100 的和。

```
public class example1_4{
    public static viod main(String []args){
        int count=1;
        int sum=0;
        do{
            sum=sum+count;
            count++;
        }while(count<=100);
        System.out.println("1 到 100 的和为"+sum);
    }
}
```

（3）for 循环

该语句的语法格式：

```
for(initialization; condition; update){
    statements;
}
```

其中，initialization 设置计数器变量的初始值，以及循环中需要的其他任何变量的值。这些语句用逗号隔开，并在开始循环时仅执行一次。

condition 是一个 boolean 表达式，其返回值为 true 或 false。如果返回值为 false，则循环终止。

update 用于修改计数器变量，以及在该循环中使用的其他任何变量。这些语句总在操作语句之后和检查后续条件之前执行。

statements 在条件的值为 true 时执行。

例 2.6　使用 for 循环计算 1 到 100 的和。

```
public class example1_5{
    public static void main(String []args){
        int sum=0;
        for(int count=1;count<=100;count++){
            sum=sum+count;
        }
        System.out.println("1 到 100 的和为"+sum);
    }
}
```

例 2.7　打印九九乘法表。

```
public class example1_6{
    public static void main(String []args){
        for(int i=1;i<=9;i++){
            for(int j=1;j<=i;j++){
                System.out.print (i+"*"+j+"="+i*j+"    ");
            }
```

```
            System.out.println();
        }
    }
}
```

3. 跳转语句

跳转语句有两种：break 和 continue 语句。这些语句将控制权转到程序的其他部分。

break 语句可以终止 switch 语句中的语句序列，更多的是用于退出循环。当 break 语句用于嵌套内部时，它只会跳出最里层的循环。

continue 语句可以用于终止本次循环，控制权跳转到循环的条件表达式。

例 2.8　找出 100 以内的素数。

```
public class example1_8{
    public static void main(String []args){
        //从 1 到 100 循环，依次判断是否为素数
        A1: for(int i=3;i<100;i++){
            //使用当前数的前一半除以当前数，判断是否能整除
            for(int j=2;j<i/2;j++){
                //若能整除，终止当前 i 循环
                if(i%j==0){
                    continue A1;
                }
            }
            //打印素数
            System.out.println(i);
        }
    }
}
```

【任务实施】

```
public class calculator2{
    public static void main(String []args){
        int n=3;
        int x=2;
        int result=1;
        //计算 x 的 n 次方
        for(int i=1;i<=n;i++){
            result=result*x;
        }
        System.out.println(x+"的"+n+"次方="+result);

        n=10;
        int count=1;
        //计算 n 的阶乘
        while(count<=n){
            result=result*count;
            count++;
        }
        System.out.println(n+"!="+result);
    }
}
```

【任务小结】

通过完成本任务，掌握条件控制语句 if，switch，循环控制语句 while，do-while，for，跳转语句 break，contiune 等的使用。通过这些语句能够控制程序的执行流程。

【思考与习题】

1. 不论测试条件是什么，下列（   ）循环将至少执行一次。
   A．while   B．for   C．do-while   D．for-each
2. 关于 for 循环和 while 循环的说法哪个正确？（   ）
   A．while 循环先判断后执行，for 循环先执行后判断
   B．while 循环判断条件一般是程序结果，for 循环的判断条件一般是非程序结果
   C．两种循环任何时候都不可以替换
   D．两种循环结构中都必须有循环体，循环体不能为空
3. break 语句（   ）。
   A．只中断最内层的循环
   B．只中断最外层的循环
   C．借助于标号，可以实现任何外层循环中断
   D．只中断某一层的循环
4.
```
Float c =34.58684f;
int b = (   )c+10;
```
括号中应该填入（   ）。
   A．double   B．float   C．int   D．long
5. 下面哪项在 Java 中是合法的标识符？（   ）
   A．3user   B．class   C．You&me   D．_endline

任务三　面向对象编程

【任务描述】

运用面向对象的思想，编写计算器类，并定义加、减、乘、除四个方法。

【任务分析】

任务二已经完成了一个 Java 应用程序，实现加减乘除四种运算，这种编程方式称为"面向过程"编程。这种编程方式在大型项目中存在诸多缺点，当前更多是采用"面向对象"编程来解决实际问题。Java 语言是一种"面向对象"程序设计语言，更适合采用"面向对象"的编程方式。

本任务的关键点：
- 类和对象的基本概念及创建。
- 继承关系的实现。

- 覆盖与重载的区别及使用

【预备知识】

面向对象程序设计（Object Oriented Programming，OOP）是一种计算机编程架构。面向对象的程序设计完全不同于传统的面向过程程序设计，它极大地降低了软件开发的难度，是当今程序设计中的一股势不可挡的潮流。

面向对象编程旨在将现实世界中的概念模拟到计算机程序中，它将现实世界中的所有事物视为对象。例如，一本书，一张桌子，一个学生等。对象具有属性和行为，例如学生的姓名，性别等属性，学生要学习等行为。

1. 类和对象

面向对象编程思想的核心是对象。对象表示现实世界中的实体。OOP 能够将现实世界中遇到的实际问题模拟为计算机上的类似实体。

对象是一个现实中的具体存在，有明确的属性和行为。

类是具有相同属性和行为的一组对象的集合。

李明是一个学生。李明是对象，学生是类。

一个类的语法包括：

```
class ClassName{
    field    //属性
    …
    constructor    //构造方法
    …
    method    //方法
    …
}
```

类的名称要遵守标识符的命名规则，每个单词的首字母大写。

属性的声明与变量的声明相同。可以理解为将类的属性存储在变量中。

方法的声明包含：方法名称、返回值数据类型、参数列表和方法的主体。方法的语法定义如下：

```
<returntype><methodname>(<type1><arg1>,<type2><arg2>,…){
    <set of statements>
}
```

returntype 是方法返回值数据类型；

methodname 是方法名称；

type1 是参数的数据类型；

arg1 是参数的名称；

大括号中是方法主体，可以包含语句，表达式和方法语句可以共存。如果方法有返回类型，则必须使用 return 语句返回相应的值。如果方法没有返回值，使用 void。

例 2.9　定义一个类，描述水果的名称、颜色、价格、数量，定义方法返回水果的价格，修改水果的数量，在控制台中打印水果的基本信息。

```
public class Fruit{
    //定义水果的名称
    String name;
    //定义水果的颜色
    String color;
    //定义水果的价格
```

```
        double price;
        //定义水果的数量
        int quantity;
        //设置水果的价格
        public double getPrice(){
            return price;
        }
        //设置水果的数量
        public void setQuantity(int num){
            quantity=quantity-num;
        }
        //显示水果的基本信息
        public void show(){
            System.out.println("水果的名称："+name+"/n"+"水果的颜色： "+color+"/n"+"水果的价格"+price+"/n"+"水果的数量"+quantity);
        }
    }
    public class Test{
        //测试类
        public static void main(String []args){
            //将水果类实例化为对象 f
            Fruit f=new Fruit();
            //设置水果的属性值
            f.name="草莓";
            f.color="红色";
            f.price=8.5;
            //打印水果的价格
            System.out.println("水果的价格"+f.getPrice);
            //使用方法设置水果的数量
            f.setQuantity(50);
            //打印水果的数量
            System.out.println("水果的数量"+f.quantity);
            //调用方法显示水果的基本信息
            f.show();
        }
    }
```

从上面的例子可以看出，属性的值需要在将类实例化之后通过赋值语句对属性进行赋值。Fruit f=new Fruit();这个语句是将 Fruit 类实例化为对象 f，new 关键字后的 Fruit()是 Fruit 类的构造方法。构造方法的作用是在类被实例化为对象时对属性进行初始化赋值。

从上例可以看出，Fruit 类中没有定义构造方法，其实每个类都有一个默认的不带参数的构造方法。

```
    public class Fruit{
        Fruit(){
        }
        …
```

构造方法的名称和类的名称相同，并且构造方法没有返回值。它的作用就是给属性初始化赋值。
构造方法可以带参数，通过参数给属性赋值。可以将例 2.9 改为：

```
    public class Fruit{
        //定义水果的名称
        String name;
        //定义水果的颜色
        String color;
```

```java
        //定义水果的价格
        double price;
        //定义水果的数量
        int quantity;
        //构造方法，使用参数对属性赋值
        Fruit(String FName,String FColor,double FPrice,int FQuantity){
            name=FName;
            color=FColor;
            price=FPrice;
            quantity=FQuantity;
        }
        //设置水果的价格
        public double getPrice(){
            return price;
        }
        //设置水果的数量
        public void setQuantity(int num){
            quantity=quantity-num;
        }
        //显示水果的基本信息
        public void show(){
            System.out.println("水果的名称："+name+"/n"+"水果的颜色："+color+"/n"+"水果的价格"+price+"/n"+"水果的数量"+quantity);
        }
    }
    public class Test{
        //测试类
        public static void main(String []args){
            //将水果类实例化为对象 f，构造方法对属性进行初始化赋值
            Fruit f=new Fruit("香蕉","黄色",2.5,20);
            //调用方法显示水果的基本信息
            f.show();
        }
    }
```

Java 中包含一个名为 this 的特殊引用值。this 关键字在任何实例方法内均可引用，以引用当前对象。this 的值引用被调用的当前方法上的对象。可以将上例构造方法改为：

```java
        //构造方法，使用参数对属性赋值
        Fruit(String name,String color,double price,int quantity){
            this.name=name;
            this.color=color;
            this.price=price;
            this.quantity=quantity;
        }
```

2. 继承

自然界中有一种"继承"关系，例如狮子和猎豹都是猫科动物，它们都有猫科动物的所有特征，它们都会吼叫（方法），都有四条腿（属性）等。可以说狮子和猎豹都是从猫科动物那里继承了所有的属性和行为。因此，如果把猫科动物称为父类，狮子和猎豹都是子类。

在面向对象编程中，如果有两个类，它们或多或少有一些相同的属性和方法，就可以创建一个具有两个类共同属性的父类，再编写两个子类去继承父类的全部或部分属性。这样可以减少代码的重复性，一样的代码只编写一次，提高代码的可重用性。

在 Java 语言中，为了避免类之间的复杂关系，只能单继承，即一个子类只能有一个父类。使

用 extends 关键字来继承类，子类会继承父类非私有的属性和方法。

例 2.10 成绩管理系统中，有三种用户：学生、教师和管理员。用户都有用户名和密码两个属性，学生和教师可以修改密码，管理员可以修改密码和用户名。

```java
public class Users{
    String name;
    String password;
    Users(String name,String password){
        this.name=name;
        this.password=password;
    }
    public void setPassword(String password){
        this.password=password;
    }
    public void show(){
        System.out.println("用户名为"+name+"/n"+"密码为"+password);
    }
}
public class Students extends Users{
    String classes;
    Students(String name,String password,String classes){
        super(name,password);
        this.classes=classes;
    }

}
public class Teachers extends Users{
    String department;
    Students(String name,String password,String department){
        super(name,password);
        this.department=department;
    }
    public void show(){
        super.show();
        System.out.println("部门为"+department);
    }
}
public class Admin extends Users{
    Admin(String name,String password){
        super(name,password);
    }
    public void setName(String name) {
        this.name=name;
    }
}
```

从上例可以看出，构造方法用于初始化特定类型的对象并分配内存，构造方法的名称与类名相同。创建对象时会自动调用构造方法。类似的，子类的构造方法的名称也与子类名相同，创建子类的对象时将调用此构造方法。需要注意的是，子类永远不会继承父类的构造方法。除了构造方法之外，父类的所有方法和属性都由子类的对象继承。

通过 super 关键字，子类的构造方法可以调用父类的构造方法。父类构造方法的调用总是先于子类构造方法的调用。

父类的成员被子类成员覆盖时，super 关键字可以用于访问父类成员。

3. 覆盖与重载

请观察例 2.10，Users 类中有一个 show()方法，Teachers 类中也有一个 show()方法，但是使用子类的对象调用 show()方法时会发现，调用的是子类的 show()方法。这种情况就叫覆盖。覆盖，也叫重写，是指在继承情况下，子类中定义了与父类中具有相同方法名和参数列表的新方法。子类在调用时，会调用子类覆盖之后的新方法。

重载是指一个类及其父类里有两个方法具有相同的名字但是有不同的参数列表（包括参数类型、参数个数及参数顺序三项中的一项或多项）。

例 2.11 方法重载

```
public class Example1_11{
    public void show(){
        System.out.println("无参数方法");
    }
    public void show(int a){
        System.out.println("整型参数的值为"+a);
    }
    public void show(int a,int b){
        System.out.println("两个整型参数"+a+"和"+b);
    }
    public void show(float a){
        System.out.println("浮点型参数"+a);
    }
}
public class Test{
    public static void main(String []args){
        Example2_11 ex=new Example2_11 ();
        System.out.println(ex.show());
        System.out.println(ex.show(3));
        System.out.println(ex.show(3,8));
        System.out.println(ex.show(1.5));
        System.out.println(ex.show(5));

    }
}
```

思考：System.out.println(ex.show(5));使用一个整型参数，在 Example2_11 类中，没有 show()方法是带一个整型参数。但是这条语句没有错误，因为 Java 编译程序时会将整型 5 自动转换为浮点型 5.0，匹配带一个浮点型参数的 show()方法。

思考：构造方法可以重载吗？

答案是当然可以，在实际的编程中也经常这么做。构造方法也是一个方法，构造方法名与类的名称相同，构造方法的参数就是方法参数，而它的返回值就是一个新创建的类的实例。但是构造方法不可以被子类重写，因为子类无法定义与父类有相同的方法名和参数列表。

例 2.12 构造方法重载

```
public class Example1_12{
String s;
int a,b;
double c;
Example1_12(){
    System.out.println("不带参数的构造方法");
}
```

```java
    Example1_12(String s){
        this.s=s;
        System.out.println("s="+s);
    }
    Example1_12(int a,inb){
        this.a=a;
        this.b=b;
        System.out.println("a="+a+",b="+b);
    }
    Example1_12(double c){
        this.c=c;
        System.out.println("c="+c);
    }
}
public class Test{
    public static void main(String []args){
        Example1_12 ex1=new Example1_12();
        Example1_12 ex2=new Example1_12("字符串参数");
        Example1_12 ex3=new Example1_12(2,3);
        Example1_12 ex4=new Example1_12(3.9);
        Example1_12 ex5=new Example1_12(2);
    }
}
```

【任务实施】

计算器主要对两个操作数进行运算,实现加、减、乘、除四种运算。根据面向对象的思想,计算器有两个数值型的属性,有分别实现加减乘除的四种方法。

```java
public class Calculator {
    //定义属性
    double a,b;
    //带参数的构造方法,用于给属性赋值
    Calculator(double a,double b){
        this.a=a;
        this.b=b;
    }
    //定义加法
    public double add(){
        return a+b;
    }
    //定义减法
    public double subtraction(){
        return a-b;
    }
    //定义乘法
    public double multiplication(){
        return a*b;
    }
    //定义除法
    public double division(){
        return a/b;
    }
}
```

```
public class Test{
    public static void main(String []args){
        Calculator cal=new Calculator(8.0,2.0);
        System.out.println(cal.a+"+"+cal.b+"="+cal.add());
        System.out.println(cal.a+"-"+cal.b+"="+cal.subtraction ());
        System.out.println(cal.a+"*"+cal.b+"="+cal.multiplication ());
        System.out.println(cal.a+"/"+cal.b+"="+cal.division ());
    }
}
```

这样的 Calculator 类，在实例化为类的时候给两个操作数 a 和 b 赋值，作为计算器不够灵活，可以将 Calculator 类改为如下形式：

```
public class Calculator2 {

    //定义加法
    public double add(double a,double b){
        return a+b;
    }
    //定义减法
    public double subtraction(double a,double b){
        return a-b;
    }
    //定义乘法
    public double multiplication(double a,double b){
        return a*b;
    }
    //定义除法
    public double division(double a,double b){
        return a/b;
    }

}
public class Test2{
    public static void main(String []args){
        Calculator2 cal=new Calculator2();
        System.out.println(cal.a+"+"+cal.b+"="+cal.add(2,3));
        System.out.println(cal.a+"-"+cal.b+"="+cal.subtraction (4,1));
        System.out.println(cal.a+"*"+cal.b+"="+cal.multiplication (5,2));
        System.out.println(cal.a+"/"+cal.b+"="+cal.division (8,2));
    }
}
```

【任务小结】

本任务主要对面向对象的基本思想和面向对象程序设计的基本方法进行学习。其中涉及到很多面向对象的概念，如类、对象、继承、覆盖、重载等，这些概念需要时间及练习去深刻理解及认识。

【思考与习题】

1. 关键字（　　）用来调用父类的构造方法。
   A．base　　　　B．extends　　　　C．this　　　　D．super
2. 对成员的访问控制保护最强的是（　　）。
   A．public　　　　B．缺省　　　　C．private　　　　D．protected

3. （　　）关键字表示它是一种类方法，且无需创建对象即可访问。
   A．void　　　　　　B．static　　　　　　C．return　　　　　　D．public
4. 关于继承的说法正确的是（　　）。
   A．子类将继承父类所有的属性和方法
   B．子类将继承父类的非私有属性和方法
   C．子类只继承父类 public 方法和属性
   D．子类只继承父类的方法，而不继承属性
5. 如果某个类被声明为（　　）时，此类不能实例化。
   A．protected　　　　B．abstract　　　　C．final　　　　　　D．public
6. （　　）是指子类中的一个方法与父类中的方法有相同的方法名并具有相同数量和类型的参数列表。
   A．重载　　　　　　　　　　　　　　　　C．强制类型转换
   B．覆盖　　　　　　　　　　　　　　　　D．以上所有选项都不正确
7. 为计算器类增加计算 X^n 和 n! 的两个方法。

任务四　计算器界面设计

【任务描述】

模仿 Windows 中的计算器，编写程序完成计算器的界面设计。

【任务分析】

Java 提供了一系列的类用以实现图形界面的设计，需要了解这些类并学会使用它们。
本任务的关键点：
- 包的作用。
- 各种修饰符的作用。
- 图形界面组件的使用。
- 布局管理器的使用。

【预备知识】

1. 包

在编写复杂程序的过程中，如果要求开发人员确保自己选用的类名不和其他程序员选择的类名冲突，是很困难的。Java 提供了对类名更加容易的一种管理方式。这种方式就是包。
从本质上来讲，包是将类组合在一起形成代码模块的一种机制。
包的主要用途有：
- 包允许将类组合成较小的单元（类似于文件夹），使其易于找到和使用相应的类文件。
- 有助于避免命名冲突。包基本上隐藏了类并避免了名称上的冲突。
- 包允许在更广的范围内保护类、数据和方法，可以在包内定义类，根据规则包外的程序不能访问该类。

在 MyEclipse 中创建一个包的过程如图 2-1 所示，右键单击工程，在弹出菜单中选择"New"，在下一级菜单中选择"Package"。弹出如图 2-2 所示对话框，在"Name"文本框中输入新建的包的名称。包的命名规范为：com.公司名.项目名.包名，其中包的名称一般以该包中类的功能来统一命名。每一个点分隔符就会在硬盘上产生一个文件夹，一个点分隔符也可以看成是产生一个子包。最终的树状项目如图 2-3 所示。

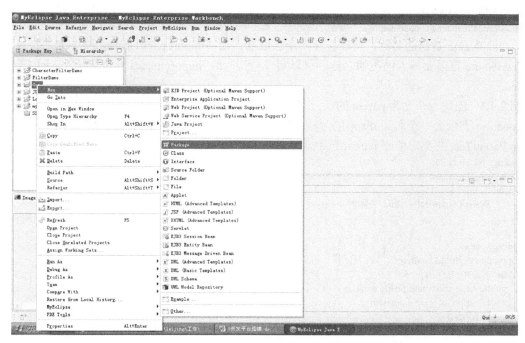

图 2-1　新建包

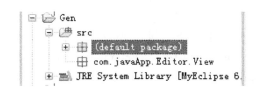

图 2-2　命名包　　　　　　　　　　　　　图 2-3　一个空包

在类中，属于哪个包，只需要在源文件中的第一条语句中声明即可。声明的语句格式为：
package packageName;

packageName 是包的名称，要符合标识符的命名规则，它在编码规范中要求一个唯一包名的前缀总是全部小写的 ASCII 字母并且是一个顶级域名，通常是 com、edu、gov、mil、net 及 org，或 1981 年 ISO 3166 标准所指定的标识国家或地区的英文双字符代码。包名的后续部分根据不同机构各自内部的命名规范而不尽相同。这类命名规范可能以特定目录名的组成来区分部门（department）、项目（project）、机器（machine）或注册名（login names）。

如果要使用在不同包中的类，需要显式地在 Java 程序中导入相应的包，使用 import 语句实现。import 语句的语法格式：

import packageName.className;

packageName 是包的名称，可以包含多个包嵌套，如：import pack1.pack2.packeN.className;。

className 是需要导入的类的名称，可以写成*号，如：import pack1.*;表示导入 pack1 包中所有的类。

例 2.13　创建一个名为 parent 的包，再创建一个子包，子包名为 child。子包中包含一个 Location 类。Location 类包含一个名为 disp()的方法，用于显示"child 子包中 Location 类"的消息。创建一个名为 ParentTest 的类，位于 parent 包中，导入子包 child，并调用 Location 类的 disp()方法。

```
package parent.child;
public class Location{
    public void disp(){
        System.out.println("child 子包中 Location 类");
    }
}
package parent;
import parent.child.Location;
public class ParentTest{
    public static void main(String args[]){
        Location loc=new Location();
        loc.disp();
    }
}
```

2. 各种修饰符

类是属性和方法的集合。面向对象编程最重要的特点之一是信息隐藏。类以外的代码不能直接使用类的数据，只能通过方法来访问。隐藏实现细节最重要的原因是防止程序员依赖于这些细节。也就是说，不需要担心是否已对任何实现细节做了更改，因为它不会影响使用该类的其他代码。其次，隐藏数据还可以防止用户意外删除数据。最后，隐藏类的详细信息可以使类更容易使用和理解。

因此，使用类的目的是隐藏复杂的详细信息。Java 中具有隐藏类内部复杂实现细节的机制，这是通过为每个成员指定访问修饰符实现的。访问修饰符可以确定如何访问某个成员。

（1）访问修饰符

Java 提供以下访问修饰符：

public（公有）：类的 public 成员可以被该类的成员和非该类的成员访问。

private（私有）：类的 private 成员只能被该类的成员访问。

protected（保护）：类的 protected 成员可以被该类的成员及其子类的成员访问，还可以被同一个包内其他类的成员访问。

default（缺省）：当类的成员什么修饰符都没有的时候，只有它本身的类和在同一个包中的类可以访问它。

总而言之，访问修饰符及其缺省状况对类成员访问的限制总结如表 2.7 所示。

表 2.7　访问修饰符在不同情况下的访问权限

位置	private	default	protected	public
同一个类	是	是	是	是
同一个包中的类	否	是	是	是
不同包内的子类	否	否	是	是
不同包并且不是子类	否	否	否	是

（2）方法修饰符

方法修饰符允许为方法设置访问权限。Java 中提供了几种访问修饰符：static、final、abstract。

1）static 修饰符

static 表示"全局"或者"静态"的意思，用来修饰成员变量和成员方法，也可以形成静态 static 代码块，但是 Java 语言中没有全局变量的概念。

被 static 修饰的成员变量和成员方法独立于该类的任何对象。也就是说，它不依赖类特定的实例，被类的所有实例共享。

只要这个类被加载，Java 虚拟机就能根据类名在运行时数据区的方法区内找到它们。因此，static 对象可以在它的任何对象创建之前访问，无需引用任何对象。

static 修饰的成员变量和成员方法习惯上称为静态变量和静态方法，可以直接通过类名来访问，访问语法为：

```
类名.静态方法名(参数列表...)
类名.静态变量名
```

用 static 修饰的代码块为静态代码块，当 Java 虚拟机（JVM）加载类时，就会执行该代码块。

①static 变量

按照是否静态对类成员变量进行分类可分为两种：一种是被 static 修饰的变量，叫静态变量或类变量；另一种是没有被 static 修饰的变量，叫实例变量。

两者的区别是：

静态变量在内存中只有一个拷贝（节省内存），JVM 只为静态变量分配一次内存，在加载类的过程中完成静态变量的内存分配，可用类名直接访问。

实例变量每创建一个实例，就会为实例变量分配一次内存，实例变量可以在内存中有多个拷贝，互不影响。

所以一般在需要实现以下两个功能时使用静态变量：在对象之间共享值时或方便访问变量时。

②static 方法

static 方法可以直接通过类名调用，任何实例也可以调用，因此 static 方法中不能用 this 和 super 关键字，不能直接访问所属类的实例变量和实例方法，只能访问所属类的静态成员变量和成员方法。

③static 代码块

static 代码块也叫静态代码块，是在类中独立于类成员的 static 语句块，可以有多个，位置可以随意放，它不在任何方法体内，JVM 加载类时会执行这些静态的代码块，如果 static 代码块有多个，JVM 将按照它们在类中出现的先后顺序依次执行，每个代码块只会被执行一次。

2）final 修饰符

有时候程序员可能需要定义一个不会改变的类成员。final 修饰符可以应用于类、方法和变量。final 变量的内容不能更改。因此，声明 final 变量时，必须将其初始化。声明为 final 的变量不会在每个实例中都占用内存，也就是说，可以认为 final 变量就是常量。

例如：

```
final int RED=1;
final int GREEN=2;
final int BLUE=3;
```

注意：在编码规范中，通常的做法是为 final 变量选择全部大写的标识符。

当关键字 final 应用于方法时，它意味着方法不能被重写。如果对象已声明为 final，对该对象的引用则不能更改，但它的值可以更改。

3）abstract 修饰符

abstract 修饰符，也称为抽象修饰符，可以修饰类和方法。

abstract 修饰类，会使这个类成为一个抽象类，这个类将不能生成对象实例，需要子类继承并覆盖其中的抽象方法。

abstract 修饰方法，会使这个方法变成抽象方法，也就是只有方法声明而没有具体实现，实现部分以";"代替。需要子类继承实现。

注意：有抽象方法的类一定是抽象类。但是抽象类中不一定都是抽象方法，也可以全是具体方法。

abstract 修饰符在修饰类时必须放在类名前。

abstract 修饰方法就是要求其子类覆盖这个方法。调用时可以以多态方式调用子类覆盖后的方法，也就是说抽象方法必须在其子类中实现，除非子类本身也是抽象类。

注意：父类是抽象类，其中有抽象方法，那么子类继承父类，并把父类中的所有抽象方法都实现了，子类才有创建对象实例的能力，否则子类也必须是抽象类。抽象类中可以有构造方法，是子类在构造子类对象时需要调用的父类的构造方法。

例如：下面有一个抽象类

```
abstract class E{
public abstract void show();//public abstract 可以省略
}
```

然后其他类如果继承它通常是为了实现它里面的方法；

```
class F extends E{
    void show(){
    //写具体实现的代码
        System.out.println("子类实现抽象类中的抽象方法");
    }
}
```

最后在 main()方法里面定义一个父类引用指向子类对象，就会发生多态现象，比如：

```
public class Test{
public static void main(String []args){
    E e=new F();
    e.show();
}
}
```

实际调用了子类里面的 show()方法。

3. 图形界面组件

使用 Java 语言开发的应用程序，需要给用户提供一个交互界面，使用户能够通过这个图形界面完成操作并得到结果。要想设计拥有图形界面的应用程序，需要掌握基于 GUI（Graphical User Interface，图形用户界面）的开发。

GUI 因不同的应用程序而异，它可以包括文本框、标签、列表框及其他此类元素。不同的程序设计语言提供不同的方式方法来创建 GUI 应用程序：VB 或 VC++提供拖放方式创建 GUI，C++则要求程序员编写构建 GUI 的全部代码，而 Java 则通过 AWT 或 Swing 创建 GUI。

AWT 是一组 Java 类，这些 Java 类允许程序员创建 GUI，并通过鼠标和键盘接受用户的输入。

Swing 是在 AWT 基础上发展而来的轻量级组件，与 AWT 相比不但改进了用户界面，而且所需的系统资源更少。

AWT 不是纯 Java 组件，Swing 是纯 Java 组件，即 Swing 组件包含可改变的外观，使所有的应用程序在不同的平台上运行时具有本机外观和相同的行为。Swing 组件允许在应用程序中混合使用 AWT 重量级组件和 Swing 轻量级组件，但是 AWT 是 Swing 的基础。因此，在这里先介绍 AWT 组件的使用。

AWT 的整个可视组件库的基础类是 Component。它是所有组件的父类。它是一个抽象类，所以不能创建 Component，但是作为类层次结构的结果，它是所有组件的基础。AWT 组件都存放在 java.awt 包中，是 JDK 中自带的类包，导入之后可以使用。

容器指可以容纳元素的区域，在容器上可以添加别的 AWT 组件。

设计 GUI 时需要一个主窗口，用来放置不同的可视化组件。在 AWT 中，主窗口也称为顶层容器，它包含窗口中出现的所有其他 AWT 组件。所有 AWT 应用程序都至少有一个顶层容器。

创建顶层容器的一般步骤如下：

①创建容器。

②设置容器大小。

③设置容器可见度。

（1）Frame 类

Frame 类是一个容器，允许把其他组件添加到其中，将其组织起来，并呈现给用户，Frame 类的继承关系如图 2-4 所示。Frame 在本机操作系统中是以窗口的形式注册的，这样就可以得到许多熟悉的操作系统窗口的特性：最小化/最大化、改变大小、移动等。窗体的默认布局为 BorderLayout。

图 2-4 Frame 类的继承关系图

Frame 类的构造方法见表 2.8。

表 2.8 Frame 类的构造方法

构造方法	说明
Frame()	构造一个初始时不可见的新窗体
Frame(String title)	创建一个新的、初始不可见、具有指定标题的 Frame

Frame 类的常用方法见表 2.9。

表 2.9　Frame 类的常用方法

方法	说明
void setSize(int width,int height)	设置窗体的大小
void setTitle(String title)	将此窗体的标题设置为指定的字符串
void setVisible(boolean b)	根据参数 b 的值显示或隐藏此 Window

例 2.14　创建一个窗口，设置它的大小和标题。

```
public class Example1_14{
    public static void main(String []args){
        Frame f=new Frame();
        f.setTitle("第一个窗口");
        f.setSize(400,200);
        f.setVisible(true);
    }
}
```

（2）Panel 类

每个顶层容器有一个中间容器，称为内容面板。一般来说，内容面板包含 GUI 窗口中的所有可视组件。默认内容面板使用 Panel 的实例。Panel 类的继承关系如图 2-5 所示。面板的默认布局管理器是 FlowLayout 布局管理器。

```
java.awt
类 Panel

java.lang.Object
  └java.awt.Component
      └java.awt.Container
          └java.awt.Panel
```

图 2-5　Panel 类的继承关系图

Panel 类的构造方法见表 2.10。

表 2.10　Panel 类的构造方法

构造方法	说明
Panel()	使用默认的布局管理器创建新面板
Panel(LayoutManager layout)	创建具有指定布局管理器的新面板

Panel 类的常用方法见表 2.11。

表 2.11　Panel 类的常用方法

方法	说明
Component add(Component comp)	将指定组件追加到此容器的尾部
void setLayout(LayoutManager mgr)	设置此容器的布局管理器

（3）Label 类

Label 组件是基础的 AWT 组件之一。该组件用于在框架上显示标签，标签是不可交互的，不响应任何输入事件。因此，标签不能获取键盘的焦点。Label 类的继承关系如图 2-6 所示。

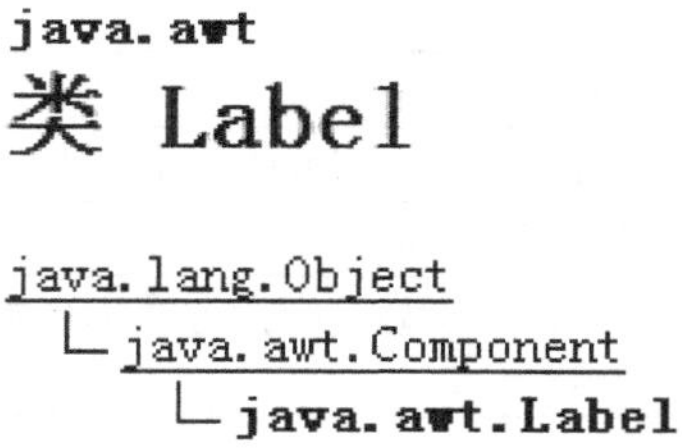

```
java.awt
类 Label

java.lang.Object
    └─java.awt.Component
            └─java.awt.Label
```

图 2-6　Label 类的继承关系图

Label 类的构造方法见表 2.12。

表 2.12　Label 类的构造方法

构造方法	说明
Label()	构造一个空标签
Label(String text)	使用指定的文本字符串构造一个新的标签，其文本对齐方式为左对齐
Label(String text,int alignment)	构造一个显示指定文本字符串的新标签，其文本对齐方式为指定的方式

Label 类的常用方法见表 2.13。

表 2.13　Label 类的常用方法

方法	说明
String getText()	获取此标签的文本
void setText(String text)	将此标签的文本设置为指定的文本
void setAlignment(int alignment)	将此标签的对齐方式设置为指定的方式。可能的值有 Label.LEFT、Label.RIGHT 和 Label.CENTER
int getAlignment()	获取此标签的当前对齐方式。可能的值有 Label.LEFT、Label.RIGHT 和 Label.CENTER

（4）TextField 类

TextField 对象是允许编辑单行文本的文本组件，TextField 类的继承关系如图 2-7 所示。

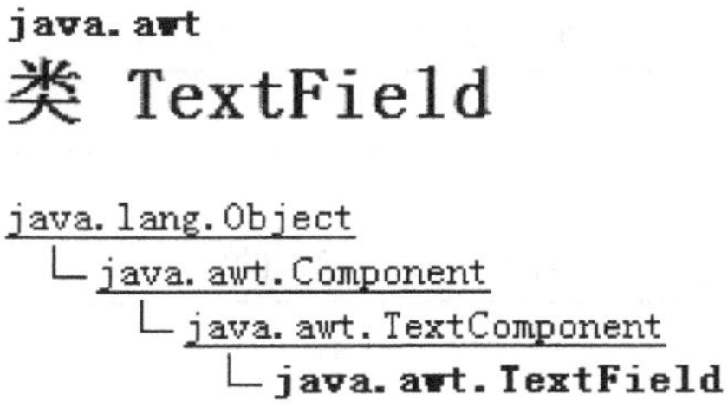

```
java.awt
类 TextField

java.lang.Object
    └─java.awt.Component
            └─java.awt.TextComponent
                    └─java.awt.TextField
```

图 2-7　TextField 类的继承关系图

TextField 类的构造方法见表 2.14。

表 2.14 TextField 类的构造方法

构造方法	说明
TextField()	构造新文本字段
TextField(int columns)	构造具有指定列数的新空文本字段
TextField(String text)	构造使用指定文本初始化的新文本字段
TextField(String text, int columns)	构造使用要显示的指定文本初始化的新文本字段,宽度足够容纳指定列数

TextField 类的常用方法见表 2.15。

表 2.15 TextField 类的常用方法

方法	说明
void setColumns(int columns)	设置此文本字段中的列数。列是近似平均字符宽度,它与平台有关
void setEchoChar(char c)	设置此文本字段的回显字符
void setText(String t)	将此文本组件显示的文本设置为指定文本
String getText()	返回此文本组件表示的文本。默认情况下,此文本是一个空字符串

(5) Button 类

Button 类是用于创建一个标签按钮。当按下该按钮时,应用程序能执行某项动作。Button 类的继承关系如图 2-8 所示。

```
java.lang.Object
  └java.awt.Component
      └java.awt.Button
```

图 2-8 Button 类的继承关系图

Button 类的构造方法见表 2.16。

表 2.16 Button 类的构造方法

构造方法	说明
Button()	构造一个标签字符串为空的按钮
Button(String label)	构造一个带指定标签的按钮

Button 类的常用方法见表 2.17。

表 2.17 Button 类的常用方法

方法	说明
String getLabel()	获取此按钮的标签
void setLabel(String label)	将按钮的标签设置为指定的字符串

4. 布局管理器

因为 Java 是跨平台语言,使用绝对坐标显然会导致问题,即在不同平台、不同分辨率下的显示效果不一样。Java 为了实现跨平台的特性并且获得动态的布局效果,将容器内的所有组件安排给"布局管理器"负责管理,如排列顺序,组件的大小,位置等,当窗口移动或调整大小后组件如何变化等功能授权给对应的容器布局管理器来管理，不同的布局管理器使用不同算法和策略，容器可以通过选择不同的布局管理器来决定布局。

Java 中一共有 6 种布局管理器，通过组合使用这 6 种布局管理器，能够设计出复杂的界面，而且在不同操作系统平台上都能够有一致的显示效果。6 种布局管理器分别是 BorderLayout、BoxLayout、FlowLayout、GridBagLayout、GridLayout 和 CardLayout。其中 CardLayout 必须和其他 5 种配合使用，不是特别常用。每种界面管理器各司其职，都有各自的作用。

（1）CardLayout（卡式布局）

CardLayout 布局管理器能够帮助用户处理两个以至更多的成员共享同一显示空间，它把容器分成许多层，每层的显示空间占据整个容器的大小，但是每层只允许放置一个组件，当然每层都可以利用 Panel 来实现复杂的用户界面。布局管理器（CardLayout）就像一副叠得整整齐齐的扑克牌一样，有 54 张，但是你只能看见最上面的一张牌，每一张牌就相当于布局管理器中的一层。其实现过程如下：

首先，定义面板，为各个面板设置不同的布局，并根据需要在每个面板中放置组件：
panelOne.setLayout(new FlowLayout);
panelTwo.setLayout(new GridLayout(2,1));
再设置主面板。
CardLayout card = new CardLayout();
panelMain.setLayout(card);
下一步将开始准备好的面板添加到主面板。
panelMain.add("red panel",panelOne);
panelMain.add("blue panel",panelOne);
add()方法带有两个参数，第一个为 String 类型用来表示面板标题，第二个为 Panel 对象名称。

完成以上步骤以后，必须给用户提供在卡片之间进行选择的方法。一种常用的处理方式是在每张卡片上都放置一个或多个按钮，单击不同按钮即可显示下一张卡片，或是显示前一张卡片，或是显示最后一张卡片。实现的方法是将事件监听器 ActionListener 添加到按钮上，并通过 actionPerformed()方法定义显示哪张卡片。

card.next(panelMain);   //下一个
card.previous(panelMain);   //前一个
card.first(panelMain);   //第一个
card.last(panelMain);   //最后一个
card.show(panelMain,"red panel"); //特定面板

（2）BorderLayout（边界布局）

BorderLayout 也是一种非常简单的布局策略，它把容器内的空间简单的划分为东、西、南、北、中 5 个区域，每加入一个组件都应该指明把这个组件放在哪个区域中。BorderLayout 是顶层容器（Frame、Dialog 和 Applet）的默认布局管理器。

这个界面最多只能显示 5 个控件。加入控件的时候，可以指定放入的方位，默认的情况是放到中间。在 BorderLayout 中调整尺寸时，四周的控件会被调整，调整会按照布局管理器的内部规则计算出应该占多少位置，然后中间的组件会占去剩下的空间。

BorderLayout 是 Window，Frame 和 Dialog 的缺省布局管理器。BorderLayout 布局管理器把容器分成 5 个区域：North，South，East，West 和 Center，每个区域只能放置一个组件。在使用 BorderLayout 的时候，如果容器的大小发生变化，其变化规律为：组件的相对位置不变，大小发生变化。例如容器变高了，则 North，South 区域不变，West、Center、East 区域变高；如果容器变宽

了，West、East 区域不变，North、Center、South 区域变宽。不一定所有的区域都有组件，如果四周的区域（West、East、North、South 区域）没有组件，则由 Center 区域去补充，但是如果 Center 区域没有组件，则保持空白。

示例：
```java
import java.awt.*;
public class ButtonDir{
    public static void main(String args[]){
        Frame f = new Frame("BorderLayout");
        f.setLayout(new BorderLayout());
        f.add("North", new Button("North"));
        //第一个参数表示把按钮添加到容器的 North 区域
        f.add("South", new Button("South"));
        //第一个参数表示把按钮添加到容器的 South 区域
        f.add("East", new Button("East"));
        //第一个参数表示把按钮添加到容器的 East 区域
        f.add("West", new Button("West"));
        //第一个参数表示把按钮添加到容器的 West 区域
        f.add("Center", new Button("Center"));
        //第一个参数表示把按钮添加到容器的 Center 区域
        f.setSize(200,200);
        f.setVisible(true);
    }
}
```

该示例的显示效果如图 2-9 所示。

图 2-9　边界式布局

（3）FlowLayout（流式布局）

流式布局管理器是把容器看成一个行集，就象平时在一张纸上写字一样，一行写满就换下一行。行高是由行中的控件高度决定的。FlowLayout 是所有 Applet/JApplet 的默认布局。在生成流式布局时能够指定显示的对齐方式，默认情况下居中（FlowLayout.CENTER）。在下面的示例中，可以用如下语句指定居左。

```java
JPanel  panel= new JPanel(new FlowLayout(FlowLayout.LEFT));
```

以上为小应用程序（Applet）和面板（Panel）的缺省布局管理器，组件从左上角开始，按从左至右的方式排列。其构造函数为：

```
FlowLayout()    //生成一个默认的流式布局，组件在容器里居中，每个组件之间留下 5 个像素的距离
FlowLayout(int alinment)    //可以设定每行组件的对齐方式
FlowLayout(int alignment,int horz,int vert)    //设定对齐方式并设定组件水平和垂直的距离
```

当容器的大小发生变化时，用 FlowLayout 管理的组件会发生变化，其变化规律是：组件的大小不变，但是相对位置会发生变化。

（4）GridLayout（网格布局）

GridLayout 将组件按网格型排列，每个组件尽可能地占据网格的空间，每个网格也同样尽可能

地占据空间，从而使各个成员按一定的大小比例放置。如果成员改变大小，GridLayout 将相应地改变每个网格的大小，以使各个网格尽可能的大，占据 Container 容器全部的空间。

网格基本布局策略是把容器的空间划分成若干行乘若干列的网格区域，组件就位于这些划分出来的小区域中，所有的区域大小一致。组件按从左到右，从上到下的方法加入。

用构造函数划分出网格的行数和列数。

new GridLayout(行数,列数);

构造函数里的行数和列数可以有一个为零，但不能都为零。当容器里增加组件时，容器内将向 0 的那个方向增长。例如如下语句：

GridLayout layout= new GridLayout(0,1);

在增加组件时，会保持一列的情况下，不断将行数增加。

java.awt.GridBagConstraints 中的 insets(0,0,0,0)的参数具体指的是：规定一个控件显示区的空白区。如果控件显示的 inset 为(10,5,20,0)，那么控件到显示区北边距离为 10，西边为 5，南边为 20，东边为 0。控件会比显示区小。如果 inset 为负，控件会超出显示区。

为使容器中各个组件呈网格状布局，平均占据容器的空间。当所有组件大小相同时，使用此布局。其构造函数为：

GridLayout()
GridLayout(int row,int col)
GridLayout(int row,int col,int horz,int vert)

（5）BoxLayout（盒式布局）

BoxLayout 布局能够允许控件按照 X 轴（从左到右）或者 Y 轴（从上到下）方向来摆放，而且沿着主轴能够设置不同尺寸。

构造 BoxLayout 对象时，有两个参数，例如：

Public BoxLayout(Container target,int axis);

target 参数是表示当前管理的容器，axis 是指哪个轴，有两个值：BoxLayout.X_AXIS 和 BoxLayout.Y_AXIS。

学习如下的代码：

JPanel jpanel=new JPanel();
Jpanel.setLayout(new BoxLayout(jpanel,BoxLayout.Y_AXIS);
TextArea testArea=new TextArea(4,20);
JButton button=new JButton("this is a button");
jpanel.add(testArea);
jpanel.add(button);

//容纳 testArea 和 button 的容器，让它们沿 Y 轴（从上往下）放置，并且文本域和按钮左对齐。也就是两个控件的最左端在同一条线上

testArea.setAlignmentX(Component.LEFT_ALIGNMENT);
button. setAlignmentX(Component.LEFT_ALIGNMENT);

//容纳 testArea 和 button 的容器，让它们沿 Y 轴（从上往下）放置，并且文本域最左端和按钮的最右端在同一条线上

testArea.setAlignmentX(Component.LEFT_ALIGNMENT);
button. setAlignmentX(Component.RIGHT_ALIGNMENT);
setAlignmentX(left,right)

//只有在布局是 BoxLayout.Y_AXIS 时才效，而 setAlignmentY(top,bottom)在布局为 BoxLayout.X_AXIS 时才效果

组件对齐一般来说：

所有 top-to-bottom BoxLayout 应该有相同的 X alignment。

所有 left-to-right Boxlayout 应该有相同的 Y alignment。
setAlignmentX 和 setAlignmentY 可以实现对齐。
（6）GridBagLayout（网格包布局）
这是最复杂的一个布局管理器，在此布局中，组件大小不必相同。
```
GridBagLayout gb=new GridBagLayout();
ContainerName.setLayout(gb);
```
以上代码是让容器获得一个 GridBagLayout。

要使用网格包布局，还必须有一个辅助类，GridBagContraints。它包含 GridBagLayout 类用来定位及调整组件大小所需要的全部信息。使用步骤如下：

①创建网格包布局的一个实例，并将其定义为当前容器的布局管理器。
②创建 GridBagContraints 的一个实例。
③为组件设置约束。
④通过方法统治布局管理器有关组件及其约束等信息。
⑤将组件添加到容器。
⑥对各个将被显示的组件重复以上步骤。

GridBagContraints 类的成员变量列表如下：

（1）gridx,gridy

指定组件放在哪个单元中。其值应该设为常数 CridBagConstraints.RELATIVE。然后按标准顺序将组件加入网格包布局。从左到右，从上到下。

（2）gridwidth,gridheight

指定组件将占用几行几列。

（3）weightx,weighty

指定在一个 GridBagLayout 中应如何分配空间。缺省为 0。

（4）ipadx,ipady

指定组件的最小宽度和高度。可确保组件不会过分压缩。

（5）fill

指定在单元大于组件的情况下，组件如何填充此单元。缺省为组件大小不变。

以下为静态数据成员列表，它们是 fill 变量的值。

- GridBagConstraints.NONE——不改变组件大小
- GridBagConstraints.HORIZONTAL——增加组件宽度，使其水平填充显示区域
- GridBagConstraints.VERTICAL——增加组件高度，使其垂直填充显示区域
- GridBagConstraints.BOTH——使组件填充整个显示区域

（6）anchor

如果不打算填充可以通过 anchor 指定将组件放置在单元中的位置，缺省为将其放在单元的中间。可使用以下静态成员：

GridBagConstraints.CENTER

GridBagConstraints.NORTH

GridBagConstraints.EAST

GridBagConstraints.WEST

GridBagConstraints.SOUTH
GridBagConstraints.NORTHEAST
GridBagConstraints.SOUTHEAST
GridBagConstraints.NORTHWEST
GridBagConstraints.SOUTHWEST

使用 setConstraints()方法可以设置各组件约束。

GridBagLayout 是在 GridLayout 的基础上发展起来的，是 5 种布局策略中使用最复杂、功能最强大的一种。因为 GridBagLayout 中每个网格都相同大小并且强制组件与网格相同大小，使得容器中的每个组件也都是相同的大小，显得很不自然，而且组件必须按照固定的行列顺序，不够灵活。在 GridBagLayout 中，可以为每个组件指定其包含的网格个数，组件可以保留原来的大小，可以以任意顺序随意地加入容器的任意位置，从而实现真正自由地安排容器中每个组件的大小和位置。

【任务实施】

打开 Windows 的计算器，如图 2-10 所示，一个计算器的界面需要一个文本框显示输入数字及显示计算结果。需要多个按钮代表 0~9 数字、加、减、乘、除、等于等计算，还需要一个清除键，消除错误输入或重新开始计算。因此，完成计算器的界面需要用到 TextField 类（文本框）、Button 类（按钮）、Frame 类（框架）。

图 2-10　Windows 中的计算器界面

```
public class CalculatorFrame extends Frame {
    //声明文本框
    TextField text;
    //声明按钮
    Button b0,b1,b2,b3,b4,b5,b6,b7,b8,b9,bAdd,bSub,bMult,bDiv,bEqu,bC;
    //声明面板
    Panel p1;
    //定义存储运算符号的变量
    String s,sign;
    //定义存储操作数和结果的变量
    double a,b,result;
    //声明计算器类
    Calculator cal;
    //构造方法，实例化组件和参数
```

```java
        CalculatorFrame(){
            //实例化存储操作数的字符串
            s=new String();
            //实例化存储运算符的字符串
            sign=new String();
            //实例化文本框，按钮
            text=new TextField(20);
            b0=new Button("0");
            b1=new Button("1");
            b2=new Button("2");
            b3=new Button("3");
            b4=new Button("4");
            b5=new Button("5");
            b6=new Button("6");
            b7=new Button("7");
            b8=new Button("8");
            b9=new Button("9");
            bAdd=new Button("+");
            bSub=new Button("-");
            bMult=new Button("*");
            bDiv=new Button("/");
            bEqu=new Button("=");
            bC=new Button("C");
            //实例化面板
            p1=new Panel();

            //将面板添加到窗口中
            this.add(p1);

            //将组件添加到面板 p1
            p1.add(text);
            p1.add(b1);
            p1.add(b2);
            p1.add(b3);
            p1.add(bAdd);
            p1.add(b4);
            p1.add(b5);
            p1.add(b6);
            p1.add(bSub);
            p1.add(b7);
            p1.add(b8);
            p1.add(b9);
            p1.add(bMult);
            p1.add(bC);
            p1.add(b0);
            p1.add(bEqu);
            p1.add(bDiv);
        }
    }
    public class TestMain {

        public static void main(String[] args) {
            //实例化计算器窗口，设置大小，并设置为可见
            CalculatorFrame f=new CalculatorFrame();
```

```
        f.setSize(220, 260);
        f.setVisible(true);
    }
}
```

【任务小结】

本任务主要完成对计算器界面的设计，需要掌握较多 Java 提供的类的方法，掌握包的定义及各种修饰符的使用。要设计图形界面，在 Java 中需要通过布局管理器进行界面上组件的布局管理，如何灵活使用各种布局方式，设计出简洁美观的界面是需要练习的。

【思考与习题】

1. 下列各选项中，（　　）可以作为顶层容器。
   A．Frame　　　　B．Panel　　　　C．Button　　　　D．Label
2. 下列（　　）是创建一个标识有"打开"按钮的语句？
   A．TextField b = new TextField("打开");
   B．TextArea b = new TextArea ("打开");
   C．Checkbox b = new Checkbox("打开");
   D．Button b = new Button("打开");

任务五　计算器基本功能实现

【任务描述】

编写程序完成计算器加、减、乘、除的功能实现。

【任务分析】

单击界面上的按钮后，需要有事件响应，并做出相应的处理。
本任务的关键点：
● 接口的作用及使用。
● 事件处理程序的编写。

【预备知识】

1. 接口

Java 不支持多继承性，即一个类只能有一个父类。单继承性使得 Java 简单，易于管理。但是单继承不利于程序的扩展，为了克服单继承的缺点，Java 使用了接口，一个类可以实现多个接口。

使用关键字 interface 来定义一个接口，接口的定义和类的定义很相似，分为接口的声明和接口体。接口语法格式是：

```
interface  接口名字{
    方法声明;
}
```

接口体中包含常量定义和方法定义两个部分,接口体中只进行方法的声明,不提供方法的实现,因此,接口体中包含的方法没有方法体,且用分号";"结尾。

接口需要被一个类实现。类通过关键字 implements 声明实现一个或多个接口。如果使用多个接口,用逗号分隔。如:

class ClassName implements InterfaceName1,InterfaceName2…InterfaceNameN

如果一个类实现了某个接口,那么这个类必须实现该接口的所有方法,即为这些方法提供方法体。需要注意的是:在类中实现接口的方法时,方法的名字、返回类型、参数个数及类型必须与接口中的完全一致。特别要注意的是:接口中的方法默认是 public、abstract 方法,类在实现接口方法时必须给出方法体,并且一定要用 public 来修饰,而且接口中默认的常量是 public static 常量。

Java 提供的接口都在相应的包中,通过引入包可以使用 Java 提供的接口。也可以自己定义接口,一个 Java 源文件就是由类和接口组成的。

例 2.15 定义一个接口,声明一个方法计算某个形状(如正方形、长方形、圆形、三角形)的面积,再用一个具体的类去实现这个接口得到长方形的面积,并编写一个类进行测试。

```java
public interface Myinterface {
    //声明方法
    public float area();
}
public class Example1_15 implements Myinterface{
    float a,b;
    //实现接口中的方法
    public float area(){
        return a*b;
    }
}
public class Test {
    public static void main(String[] args) {
        Example1_15 obj1=new Example1_15 ();
        obj1.a=2.1f;
        obj1.b=1.0f;
        System.out.println(obj1.area());
    }
}
```

2. 事件处理程序

当用户在文本框中输入文本后按 Enter 键、单击按钮、在一个下拉列表框中选择一个条目等操作时,都触发界面事件。程序有时需要对发生的事件做出反应,来实现特定的任务。利用事件机制实现用户与程序之间的交互。

GUI 程序设计归根到底要完成两个层面的任务:

(1)首先要完成程序外观界面的设计,其中包括创建窗体,在窗体中添加菜单、工具栏及多种 GUI 组件,设置各类组件的大小、位置、颜色等属性。

(2)其次要为各种组件对象提供响应与处理不同事件的功能支持,从而使程序具备与用户或外界事物交互的能力,使得程序"活"起来。这个层次的工作可以认为是对程序动态特征的处理。

Java 采用了委托型事件处理模式,即对象(指组件)本身没有用成员方法来处理事件,而是将事件委托给事件监听者处理。

能产生事件的组件叫做事件源。如果希望对事件进行处理,可调用事件源的注册方法把事件监听者注册给事件源，当事件源发生事件时，事件监听者就代替事件源对事件进行处理，这就是所谓的委托。

事件监听者可以是一个自定义类或其他容器，如 Frame。它们本身也没有处理方法，需要使用事件接口中的事件处理方法。因此，事件监听者必须实现事件接口。

事件处理的过程如图 2-11 所示。

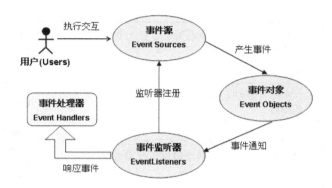

图 2-11　事件处理的过程

编写事件处理功能的程序时，必须导入语句：
import java.awt.event.*;

在 Java 中，AWTEvent 类是所有事件类的最上层，它继承了 java.util.EventObject 类，而 java.util.EventObject 又继承了 java.lang.Object 类。各类事件的继承关系如图 2-12 所示。

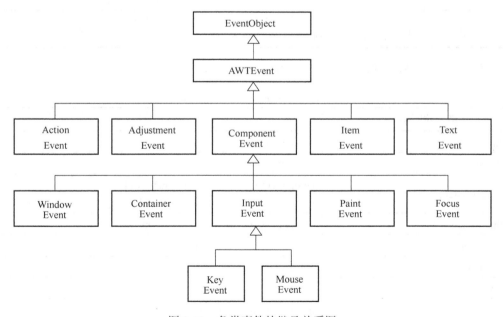

图 2-12　各类事件的继承关系图

Java 把事件类大致分为两种：语义事件（semantic events）与底层事件（low-level events）。

语义事件直接继承自 AWTEvent，如 ActionEvent、AdjustmentEvent 与 ComponentEvent 等。

底层事件则继承自 ComponentEvent 类，如 ContainerEvent、FocusEvent、WindowEvent 与 KeyEvent 等。

表 2.18 中列出了各种事件及事件源的说明。

表 2.18 各类事件和事件源

事件类	说明	事件源
ActionEvent	通常按下按钮，双击列表项或选中一个菜单项时，就会生成此事件	Button、List、MenuItem、TextField
AdjustmentEvent	操纵滚动条时会生成此事件	Scrollbar
ComponentEvent	当一个组件移动、隐藏、调整大小或成为可见时会生成此事件	Component
ItemEvent	单机复选框或列表项时，或者当一个选择框或一个可选菜单的项被选择或取消时生成此事件	Checkbox、CheckboxMenuItem、Choice、List
FocusEvent	组件获得或失去键盘焦点时会生成此事件	Component
KeyEvent	接收到键盘输入时会生成此事件	Component
MouseEvent	拖动、移动、单击、按下或释放鼠标或在鼠标进入或退出一个组件时，会生成此事件	Component
ContainerEvent	将组件添加至容器或从中删除时会生成此事件	Container
TextEvent	在文本区或文本域的文本改变时会生成此事件	TextField、TextArea
WindowEvent	当一个窗口激活、关闭、失效、恢复、最小化、打开或退出时会生成此事件	Window

下表中列出各种事件监听器接口及接口中定义的方法。

表 2.19 事件监听器及其接口

事件监听器	方法
ActionListener	actionPerformed
AdjustmentListener	adjustmentValueChanged
ComponentListener	componentResized、componentMoved、componentShown、componentHidden
ContainerListener	componentAdded、componentRemoved
FocusListener	focusLost、focusGained
ItemListener	itemStateChanged
KeyListener	keyPressed、keyReleased、keyTyped
MouseListener	mouseClicked、mouseEntered、mouseExited、mousePressed、mouseReleased
MouseMotionListener	mouseDragged、mouseMoved

续表

事件监听器	方法
TextListener	textChanged
WindowListener	windowActivated、windowDeactivated windowClosed、windowClosing windowIconified、windowDeiconified windowOpened

例 2.16 使用监听器实现窗口关闭按钮的功能。

```java
import java.awt.*;
import java.awt.event.*;
class MyFrame extends Frame implements WindowListener
{
TextArea text;
MyFrame()
{ setBounds(100,100,200,300);
       setVisible(true);
       text=new TextArea();
       add(text,BorderLayout.CENTER);
       addWindowListener(this);
       validate();
    }
public void windowActivated(WindowEvent e)
{ text.append("\n 我被激活");
       validate();
    }
public void windowDeactivated(WindowEvent e)
{   text.append("\n 我不是激活状态了");
         setBounds(0,0,400,400);
         validate();
    }
public void windowClosing(WindowEvent e)
{ text.append("\n 窗口正在关闭呢");
      dispose();
    }
public void windowClosed(WindowEvent e)
{   System.out.println("程序结束运行");
        System.exit(0);
    }
public void windowIconified(WindowEvent e)
{   text.append("\n 我图标化了");
    }
public void windowDeiconified(WindowEvent e)
{ text.append("\n 我撤消图标化");
       setBounds(0,0,400,400);
       validate();
    }
    public void windowOpened(WindowEvent e){}
}
public class Example1_16
{   public static void main(String args[])
```

```
    {   new MyFrame();
    }
}
```

MyFrame 类要实现 WindowListener 接口,就必须实现接口中定义的 6 个方法。一般只需要实现关闭按钮的功能,使用监听接口需要多写出 5 个方法。为了减少代码,可以使用另一种方法——适配器。适配器已经实现了相应的接口,例如 WindowAdapter 类实现了 WindowListener 接口,因此,可以使用 WindowAdapter 的子类创建的对象做监视器,在子类中重写所需要的接口方法即可。

表 2.20 中列出了监听接口对应的适配器。

表 2.20 监听器及其适配器

适配器	事件监听器接口
ComponentAdapter	ComponentListener
ContainerAdapter	ContainerListener
FocusAdapter	FocusListener
KeyAdapter	KeyListener
MouseAdapter	MouseListener
MouseMotionAdapter	MouseMotionListener
WindowAdapter	WindowListener

例 2.17 使用适配器实现窗口关闭。

```
import java.awt.*;
mport java.awt.event.*;
class MyFrame extends Frame
{   TextArea text;
    MyFrame(String s)
    {   super(s);
        setBounds(100,100,200,300);
        setVisible(true);
        text=new TextArea(); add(text,BorderLayout.CENTER);
        addWindowListener(new WindowAdapter()//匿名类
                        {   public void windowActivated(WindowEvent e)
                            {   text.append("\n 我被激活");
                            }
                            public void windowClosing(WindowEvent e)
                            {   System.exit(0);
                            }
                        }
                        );
        validate();
    }
}
public class Example1_17
{   public static void main(String args[])
    {   new MyFrame("窗口");
    }
}
```

当使用类创建对象时,程序允许把类体与对象的创建组合在一起,也就是说类创建对象时,除了构造方法还有类体,此类体被认为是该类的一个子类去掉类声明后的类体,称为匿名类。匿名类就是一个子类，由于无名可用，所以不能用匿名类声明对象，但却可以直接用匿名类创建一个对象。

例 2.18 完成一个应用程序，该程序接受用户输入用户名和密码，单击"确定"按钮，判断用户名是否为 admin，密码是否为 123，若是，则弹出对话框显示"登录成功"，否则显示"登录失败"。界面如图 2.13 所示。

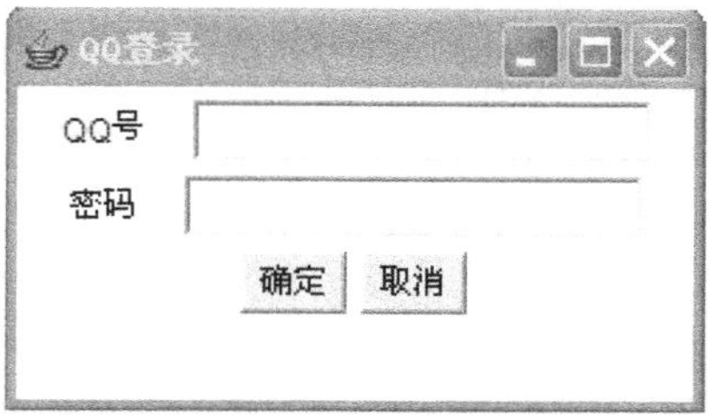

图 2-13 登录界面

```java
import java.awt.Button;
import java.awt.Frame;
import java.awt.Label;
import java.awt.Panel;
import java.awt.TextField;
import java.awt.event.ActionEvent;
import java.awt.event.ActionListener;
public class LoginFrame extends Frame implements ActionListener{
    //声明窗体上的组件
    TextField txtName,txtPassword;
    Label laName,laPassword;
    Button butOK,butCancl;
    Panel p;
    LoginFrame(){
        //实例化组件
        txtName=new TextField(20);
        txtPassword=new TextField(20);
        laName=new Label("QQ 号");
        laPassword =new Label("密码");
        butOK=new Button("确定");
        butCancl=new Button("取消");
        p=new Panel();
        //将面板添加到窗口上
        this.add(p);
        //将组件添加到面板上
        p.add(laName);
        p.add(txtName);
        p.add(laPassword);
        p.add(txtPassword);
        p.add(butOK);
        p.add(butCancl);
        //监听确定和取消按钮
        butOK.addActionListener(this);
        butCancl.addActionListener(this);

    }
    //发生事件后执行的操作
```

```java
        public void actionPerformed(ActionEvent e){
            //单击确定按钮后的操作
            if(e.getSource()==butOK){
                //获得文本框中的值
                String name=txtName.getText();
                String password=txtPassword.getText();
                //判断用户名和密码是否输入正确
                if(name.equals("abc") & password.equals("123")){
                    //用户名密码输入正确后弹出新窗口
                    Frame f=new Frame("应用程序主窗口");
                    f.setSize(400, 400);
                    f.setVisible(true);
                }else{
                    //用户名密码不正确,清空密码框
                    txtPassword.setText("");
                }
            }
            //单击取消按钮后的操作
            if(e.getSource()==butCancl){
                //清空用户名及密码框
                txtName.setText("");
                txtPassword.setText("");
            }
        }
    }
    public class Example1_18 {
        public static void main(String[] args) {
            // TODO Auto-generated method stub
            LoginFrame loginf=new LoginFrame();
            loginf.setTitle("QQ 登录");
            loginf.setSize(250, 150);
            loginf.setVisible(true);
        }
    }
```

【任务实施】

计算器的主要操作是单击按钮、数字时,数字显示在文本框中,单击加、减、乘、除的按钮后,数字重新显示在文本框中,单击等号后,运算结果显示在文本框中。单击按钮的事件,使用 ActionListener 接口监听计算器的所有按钮。

第一步:创建计算器类。

```java
public class Calculator {

    //定义加法
    public double add(double a,double b){
        return a+b;
    }
    //定义减法
    public double subtraction(double a,double b){
        return a-b;
    }
    //定义乘法
```

```java
        public double multiplication(double a,double b){
            return a*b;
        }
        //定义除法
        public double division(double a,double b){
            return a/b;
        }

}
```

第二步：创建计算器窗口。

```java
import java.awt.Button;
import java.awt.Frame;
import java.awt.GridLayout;
import java.awt.Panel;
import java.awt.TextField;
import java.awt.event.ActionEvent;
import java.awt.event.ActionListener;


public class CalculatorFrame extends Frame implements ActionListener{
    //声明文本框
    TextField text;
    //声明按钮
    Button b0,b1,b2,b3,b4,b5,b6,b7,b8,b9,bAdd,bSub,bMult,bDiv,bEqu,bC;
    //声明面板
    Panel p1,p2,p3,p4,p5;
    //定义存储运算符号的变量
    String s,sign;
    //定义存储操作数和结果的变量
    double a,b,result;
    //声明计算器类
    Calculator cal;
    //构造方法，实例化组件和参数
    CalculatorFrame(){
        //实例化存储操作数的字符串
        s=new String();
        //实例化存储运算符的字符串
        sign=new String();
        //实例化文本框，按钮
        text=new TextField(20);
        b0=new Button("0");
        b1=new Button("1");
        b2=new Button("2");
        b3=new Button("3");
        b4=new Button("4");
        b5=new Button("5");
        b6=new Button("6");
        b7=new Button("7");
        b8=new Button("8");
        b9=new Button("9");
        bAdd=new Button("+");
        bSub=new Button("-");
        bMult=new Button("*");
        bDiv=new Button("/");
```

```java
bEqu=new Button("=");
bC=new Button("C");
//实例化面板
p1=new Panel();
p2=new Panel();
p3=new Panel();
p4=new Panel();
p5=new Panel();
//设置窗口的布局方式为网格型，并设置为 5 行 1 列
this.setLayout(new GridLayout(5,1));
//将 5 个面板添加到窗口中
this.add(p1);
this.add(p2);
this.add(p3);
this.add(p4);
this.add(p5);
//将文本框添加到面板 p1
p1.add(text);
//将数字 1，2，3 及+号添加到面板 p2
p2.add(b1);
p2.add(b2);
p2.add(b3);
p2.add(bAdd);
//将数字 4，5，6 及-号添加到面板 p3
p3.add(b4);
p3.add(b5);
p3.add(b6);
p3.add(bSub);
//将数字 7，8，9 及*号添加到面板 p4
p4.add(b7);
p4.add(b8);
p4.add(b9);
p4.add(bMult);
//将清除，数字 0，=号，/号添加到面板 p5
p5.add(bC);
p5.add(b0);
p5.add(bEqu);
p5.add(bDiv);
//为按钮添加事件监听
b1.addActionListener(this);
b2.addActionListener(this);
b3.addActionListener(this);
b4.addActionListener(this);
b5.addActionListener(this);
b6.addActionListener(this);
b7.addActionListener(this);
b8.addActionListener(this);
b9.addActionListener(this);
b0.addActionListener(this);
bAdd.addActionListener(this);
bSub.addActionListener(this);
bMult.addActionListener(this);
bDiv.addActionListener(this);
bC.addActionListener(this);
bEqu.addActionListener(this);
```

```java
    //实例化计算器类
    cal=new Calculator();
}
//事件处理方法
public void actionPerformed(ActionEvent e) {
    //单击数字 1 时,将 1 加入字符串 s 中,并在文本框中显示
    if(e.getSource()==b1){
        s=s+"1";
        text.setText(s);
    }
    //单击数字 2 时,将 2 加入字符串 s 中,并在文本框中显示
    if(e.getSource()==b2){
        s=s+"2";
        text.setText(s);
    }
    //单击数字 3 时,将 3 加入字符串 s 中,并在文本框中显示
    if(e.getSource()==b3){
        s=s+"3";
        text.setText(s);
    }
    //单击数字 4 时,将 4 加入字符串 s 中,并在文本框中显示
    if(e.getSource()==b4){
        s=s+"4";
        text.setText(s);
    }
    //单击数字 5 时,将 5 加入字符串 s 中,并在文本框中显示
    if(e.getSource()==b5){
        s=s+"5";
        text.setText(s);
    }
    //单击数字 6 时,将 6 加入字符串 s 中,并在文本框中显示
    if(e.getSource()==b6){
        s=s+"6";
        text.setText(s);
    }
    //单击数字 7 时,将 7 加入字符串 s 中,并在文本框中显示
    if(e.getSource()==b7){
        s=s+"7";
        text.setText(s);
    }
    //单击数字 8 时,将 8 加入字符串 s 中,并在文本框中显示
    if(e.getSource()==b8){
        s=s+"8";
        text.setText(s);
    }
    //单击数字 9 时,将 9 加入字符串 s 中,并在文本框中显示
    if(e.getSource()==b9){
        s=s+"9";
        text.setText(s);
    }
    //单击数字 0 时,将 0 加入字符串 s 中,并在文本框中显示
    if(e.getSource()==b0){
        s=s+"0";
        text.setText(s);
    }
```

```java
//单击+号时,将文本框中的字符串转化为双精度型并存储在变量 a 中
//设置符号变量为+,清除字符串 s 的值
if(e.getSource()==bAdd){
    a=Double.parseDouble(text.getText());
    sign="+";
    //text.setText("");
    s="";
}
//单击-号时,将文本框中的字符串转化为双精度型并存储在变量 a 中
//设置符号变量为-,清除字符串 s 的值
if(e.getSource()==bSub){
    a=Double.parseDouble(text.getText());
    sign="-";
    //text.setText("");
    s="";
}
//单击*号时,将文本框中的字符串转化为双精度型并存储在变量 a 中
//设置符号变量为*,清除字符串 s 的值
if(e.getSource()==bMult){
    a=Double.parseDouble(text.getText());
    sign="*";
    //text.setText("");
    s="";
}
//单击/号时,将文本框中的字符串转化为双精度型并存储在变量 a 中
//设置符号变量为/,清除字符串 s 的值
if(e.getSource()==bDiv){
    a=Double.parseDouble(text.getText());
    sign="/";
    //text.setText("");
    s="";
}
//单击=号时,将文本框中的字符串转化为双精度型并存储在变量 b 中
//根据符号变量中存储的运算符,调用计算器对象进行相应计算,并把结果放到结果变量 result 中,在文本框
//中显示出来
if(e.getSource()==bEqu){
    b=Double.parseDouble(text.getText());
    if(sign.equals("+")){
       result=cal.add(a, b);
    }else if(sign.equals("-")){
       result=cal.subtraction(a, b);
    }else if(sign.equals("*")){
       result=cal.multiplication(a, b);
    }else if(sign.equals("/")){
       result=cal.division(a, b);
    }
    text.setText(result+"");
}
//单击清除按钮,对所有变量初始化为 0,文本框显示为 null
if(e.getSource()==bC){
    text.setText("");
    sign="";
    a=0;
    b=0;
    result=0;
```

```
                s="";
            }
        }
    }
}
```

第三步：创建 main()方法，实例化计算器窗口。
```
public class TestMain {
    public static void main(String[] args) {
        //实例化计算器窗口，设置大小，并设置为可见
        CalculatorFrame f=new CalculatorFrame();
        f.setSize(220, 260);
        f.setVisible(true);
    }
}
```

【任务小结】

通过本任务，完成计算器的基本加、减、乘、除功能的实现。学会使用按钮事件处理方法，掌握相关的接口的实现。

【思考与习题】

1. 关于接口哪个正确？（   ）
   A．实现一个接口必须实现接口的所有方法
   B．一个类只能实现一个接口
   C．接口间不能有继承关系
   D．接口和抽象类是同一回事
2. 下面关于事件监听的说明，哪一个语句是正确的？（   ）
   A．所有组件，都不允许附加多个监听器
   B．如果多个监听器加在一个组件上，那么事件只会触发一个监听器
   C．组件不允许附加多个监听器
   D．监听器机制允许按照我们的需要，任意调用 addXxxxListener 方法多次，而且没有次序区别

任务六　异常处理

【任务描述】

若除数为 0，计算器程序将如何处理？

【任务分析】

程序经过编译后，无语法错误可以运行，但在运行过程中，可能发生一些问题，例如：若用户输入的除数为 0，不符合数学运算规则，程序不能运行，将导致程序中断报错。在程序的编写设计中，需要考虑到各种可能在运行过程中出现的问题。

本任务的关键点：
- 异常的概念。
- 异常的处理方法。

【预备知识】

1. 异常的概念

运行计算器程序，计算 9/0，结果程序运行不正常。在数学运算中有规定除数不能为 0，当用户在计算器中使除数为 0 时，程序无法继续运行，程序出现错误。但是计算器程序没有编译错误，并且在大部分时候都可以正确运行，因此当除数为 0 时，计算器应该给予提示，避免程序出现中断，使得用户能够正确操作。

异常是指编译时没有发现，只有在运行程序的时候，在某种特定的情况下，程序执行出现错误，这时会发生异常。编程中不要怕发生异常，重点在于发生异常后会出现什么情况。异常怎样被捕获？谁来捕获？发生异常后程序能否恢复，还是死在那里？一个好的程序，应该在发生异常时，能够及时进行处理，视情况终止或继续程序，而不至于造成严重的后果。异常处理就是为达到这个目的而设置的。

2. 异常的捕获

在 Java 中，异常是通过 try…catch 块来捕获。try 将一块可能发生异常的代码包含起来，在执行这段代码的时候，一旦出现异常，就跳出 try 块，而进入后面的 catch 部分，逐一比较异常类型是否与 catch 中的异常类型相符，如果符合，则进入 catch 块内的异常处理程序，最后跳出整个 try…catch 块。

```
try{
    …//可能会发生异常的程序块
}catch(Type1 id){
    ...//处理类型 1 的异常
}catch(Type2 id){
    …//处理类型 2 的异常
}
```

在比较异常类型的过程中，如果有一个 catch 块的异常类型与之相符，Java 就会停止继续比较，直接进入这个 catch 块的异常处理程序，处理完之后，不会继续比较其他 catch 块，也不会继续执行异常发生点后面的程序，而是跳出整个 try…catch 块，执行后面的语句。

例 2.19　处理除数为 0 的异常。

```
public class Example19{
    public static void main(String []args){
        int a=9;
        int b=0;
        try{
            int c=a/b;
        }catch(Exception e){
            System.out.println("程序出现异常，除数不能为 0");
        }
    }
}
```

异常类型是通过异常类来描述的。异常类是一种特殊的类，它们平时不出现，在发生异常时，Java 会自动产生一个对象，并把它"抛出" try 块之外，让各个 catch 块去匹配。匹配的原则是：如果抛出的异常对象属于某个 catch 块内给出的异常类型，或者属于该异常类的子类，则认为异常对象与 catch 块匹配。异常类的继承关系如图 2-14 所示。

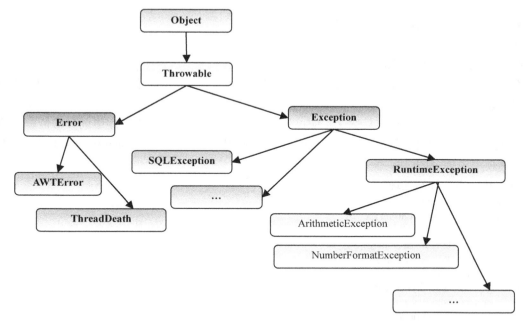

图 2-14　异常类的继承关系图

几乎所有的异常都继承自 Exception 类，而 Exception 类继承自 Throwable 类。Throwable 类是 Java 语句中所有错误和异常的父类。只有从这个类或它的子类继承而来的类才能被 catch 子句捕获。如果用户想要创建自定义异常类，它应该为 Exception 类的子类，异常类有一个重要的子类，称为 RuntimeException。这个子类包含所有常见的运行时异常。表 2.21 列出了一些异常及它们的用途。

表 2.21　常用系统异常及说明

异常	说明
Exception	异常的父类
RuntimeException	java.lang 异常的基类
ArithmeticException	算术错误异常，如除数为 0
IllegalArgumentExcpetion	方法接受到非法参数
ArrayIndexOutOfBoundsException	数组小于或大于实际的数组大小
NullPointerException	尝试访问 Null 对象成员
ClassNotFoundException	不能加载所需的类
NumberFoundException	字符串到数值型数字的转换无效
IOException	I/O 异常的父类
FileNotFoundException	找不到文件
EOFException	文件结束
InterruptedException	线程中断

catch 语句就像只有一个参数且没有返回类型的方法。参数可以是类，也可以是接口。发生异常时，将搜索嵌套 try/catch 语句是否有与异常匹配的参数。如果参数符合下列条件，则认为它与异常匹配：
- 是与异常相同的类。
- 是异常的父类。
- 如果该参数是一个接口，则异常类将实现该接口。

在一系列 catch 语句中，异常子类应该位于其父类之前，否则，不但会产生不能实现的代码，而且还会发生编译错误。

通常，要使程序健壮且容易调试，应该使用异常机制来报告和处理程序中的异常情况。编写 catch 子句时一定要具体，尽可能多地捕获能预知的异常情况。仅有一条 catch 语句是不够的，下例演示如何使用多重 catch 块。

例 2.20　多重异常处理。

```java
public class Example20{
    public static void main(String []args){
        try{
            int a=Integer.parseInt(args[0]);
            int b=Integer.parseInt(args[1]) ;
            int c=a/b ;
            System.out.println("c="+c);
        }catch(ArithmeticException ae){
            System.out.println("除数不能为 0");
        }catch(IllegalArgumentExcpetion ie){
            System.out.println("请输入数字");
        }catch(Exception e){
            System.out.println("程序发生异常");
        }
    }
}
```

3. 使用 throw 和 throws

throw 语句用于显式地引发异常。执行流程将在 throw 语句后立即停止，因此不会执行下一个语句。throw 语句的语法为：

throw <Throwableinstance>

其中，<Throwableinstance>是异常类的实例。执行该语句时，检查最近的 try 块，是否有一个 catch 子句与 Throwable 实例的类型匹配。如果找到匹配，控制权则转到该语句。如果未找到匹配，则检查下一层 try 语句，此循环将继续直到执行完最外层的异常处理程序。

例 2.21　使用 throw 引发异常，使用 catch 语句捕获并继续通过 throw 引发异常，在调用该方法时处理该异常。

```java
public class Example21{
    void throwException(){
        try{
            throw new NullPointerException("产生空对象异常");
        }catch(NullPointerException e){
            System.out.println("已捕获空对象异常");
            throw e;
        }
    }
```

```
    public static void main(String [] args){
        Example21 ex=new Example21();
        try{
            ex.throwExcpetion();
        }catch(Excpetion e){
            System.out.println("再次捕获异常");
        }
    }
}
```

当方法中出现异常，且在当前方法中无法处理时，可以使用 throws 将该异常抛出方法之外，并在调用该方法时，用 try…catch 语句处理。

例 2.22 使用 throws 语句将异常抛出方法外，在调用方法时处理该异常。

```
public class Example22{
    public static void main(String [] args){
        try{
            check(4);
        }catch(Exception e){
            System.out.println("捕获异常");
        }
    }
    void check(int flag) throws NullPointerExcpetion,NagativeArraySizeExcpetion{
        if(flag<0)
            throw new NullPointerExcpetion();
        if(flag>0)
            throw new NagativeArraySizeException();
    }
}
```

4. 用户自定义异常

Exception 类提供的内置异常不一定总能捕获程序中发生的所有错误。有时需要创建用户自定义异常。用户自定义异常应该是 Exception 类的子类。

Exception 类未定义自己的任何方法，但从 Throwable 类继承了其所有的方法。创建的任何用户自定义异常类都将具有 Throwable 类的所有方法。

例 2.23 创建用户自定义异常，捕获并处理该异常。

```
class ArraySizeException extends NegativeArraySizeException{
    ArraySizeException(){
        super("自定义异常");
    }
}
public class Example23{
    private int size;
    private int[] array;
    Example23(int val){
        size=val;
        try{
            checkSize();
        }catch(ArraySizeException e){
            System.out.println(e);
        }
    }
    public static void main(String [] args){
        Example23 obj=new Example23(Integer.parseInt(atgs[0]));
```

```java
        }
        public void checkSize()throws ArraySizeException{
            if(size<0){
                throw new ArraySizeException();
            }
            array=new int[3];
            for(int i=0;i<3;i++){
                array[i]=array[i]+1;
            }
        }
    }
```

【任务实施】

异常处理除数为 0，异常处理用户输入非数字。

```java
if(e.getSource()==bEqu){
    try{
        b=Double.parseDouble(text.getText());
        if(sign.equals("+")){
           result=cal.add(a, b);
        }else if(sign.equals("-")){
           result=cal.subtraction(a, b);
        }else if(sign.equals("*")){
           result=cal.multiplication(a, b);
        }else if(sign.equals("/")){
           result=cal.division(a, b);
        }
        text.setText(result+"");
    }catch(ArithmeticException ae){
        text.setText("除数不能为 0");
    }catch(NumberFoundException ne){
        text.setText("请输入数字");
    }catch(Exception e){
        System.out.println(e);
    }
}
```

【任务小结】

通过本任务，理解异常的概念，掌握处理异常的方法，掌握如何抛出异常。掌握在实际应用中如何处理异常状况。

【思考与习题】

1. Throwable 类是 Java （　　）类的直接父类。
   A．Object　　　　B．Exception　　　　C．Error　　　　D．RuntimeException
2. Throwable 类的（　　）方法用于获得有关错误的详细信息。
   A．getMessage()　　B．toString()　　C．message()　　D．getOutput()
3. （　　）是 Throwable 类的父类。
   A．Exception　　B．Error　　C．Object　　D．RuntimeException
4. 下列类中在多重 catch 中同时使用时，（　　）异常类应该是最后列出的。

A. ArithmeticException B. NumberFormatException
C. Exception D. ArrayIndexOutOfBoundsException

5. 计算器中，第一个操作数可能输入非数字，对该类情况进行相应的异常处理。

请记住以下英语单词

true [tru:] 真实的，准确的
expression [iks'preʃən] 表示，表现，表达
system ['sistəm] 系统；体系
result [ri'zʌlt] 结果
method ['meθəd] 方法，办法
return [ri'tə:n] 返回，回来
extend [iks'tend] 延长；扩展
package ['pækidʒ] 包，包裹
private ['praivit] 私人的；个人的
default [di'fɔ:lt] 缺席；弃权
static ['stætik] 静止的，静态的
component [kəm'pəunənt] 成分，组成部分
title ['taitl] 题目，标题
text [tekst] 本文
event [i'vent] 事件，大事

false [fɔ:ls] 不真实的，错误的
calculator ['kælkjuleitə] 计算器
print [print] 印刷，出版
object ['ɔbdʒikt] 物体；对象；客体
type [taip] 类型；种类
this [ðis, ðəs] 这个，这事
show [ʃəu] 给…看，显示
public ['pʌblik] 公众的；公共的，公用的
protect [prə'tekt] 保护；关税保护
abstract ['æbstrækt] 抽象的；抽象派的
final ['fainəl] 最后的，最终的
size [saiz] 大小，尺寸
visible ['vizəbl] 看得见的，可见的
interface ['intəfeis] 接口
exception [ik'sepʃən] 例外

项目三
记事本应用程序开发

项目目标

完成一个记事本应用程序的开发，能够实现文字的编辑，各类字符分类统计，文件的打开和保存。通过本项目掌握 Menu 类、MenuItem 类、MenuBar 类和 TextArea 类的方法；掌握包装类和字符串 String 类的作用和常用方法；掌握输入输出流的读写文本文件的方法。

任务一　记事本界面设计

【任务描述】

完成记事本应用程序的界面设计，包括菜单设计。

【任务分析】

记事本的界面主要包含一个文本区域和多个菜单。
本任务的关键点：
菜单的创建和设置。

【预备知识】

在 GUI 应用程序中，菜单是非常有用的。菜单将显示一列菜单项，指明用户可以执行的各项操作。使用菜单的方式很简单，菜单通常会显示已粗略分类的数个选项。选择或单击某个菜单就会打开另一列菜单或菜单项。每个菜单项都将有一些与之关联的操作。菜单放在菜单栏中，菜单项放在菜单里。

1. Menu 类

Menu 类是一个菜单类，它的对象可以在菜单栏显示文本字符串，而当用户单击此字符串时，则显示一个弹出式菜单。其继承关系如图 3-1 所示。

```
java.lang.Object
   └java.awt.MenuComponent
        └java.awt.MenuItem
             └java.awt.Menu
```

图 3-1　Menu 类的继承关系图

Menu 类的构造方法见表 3.1。

表 3.1　Menu 类的构造方法

构造方法	说明
Menu()	构造具有空标签的新菜单
Menu(String label)	构造具有指定标签的新菜单

Menu 类的常用方法见表 3.2。

表 3.2　Menu 类的常用方法

方法	说明
MenuItem add(MenuItem mi)	将指定的菜单项添加到此菜单
void addSeparator()	将一个分隔线或连字符添加到菜单的当前位置

2. MenuItem 类

MenuItem 类负责创建菜单项，即 MenuItem 类的对象是一个菜单项。其继承关系如图 3-2 所示。

```
java.lang.Object
   └java.awt.MenuComponent
        └java.awt.MenuItem
```

图 3-2　MenuItem 类的继承关系图

MenuItem 类的构造方法见表 3.3。

表 3.3　MenuItem 类的构造方法

构造方法	说明
MenuItem()	构造具有空标签且没有键盘快捷方式的新菜单项
MenuItem(String label)	构造具有指定的标签且没有键盘快捷方式的新菜单项
MenuItem(String label, MenuShortcut s)	创建具有关联的键盘快捷方式的菜单项

MenuItem 类的常用方法见表 3.4。

表 3.4　MenuItem 类的常用方法

方法	说明
String getLabel()	获取此菜单项的标签
void setEnable(boolean b)	设置是否可以选择此菜单项

3. MenuBar 类

MenuBar 类是负责创建菜单栏的，即 MenuBar 的一个对象就是一个菜单栏。其继承关系如图 3-3 所示。Frame 类有一个将菜单栏放置到窗口中的方法：

void setMenuBar(MenuBar bar)

该方法将菜单栏添加到窗口的顶端，需要注意的是，只能向窗口添加一个菜单栏。

```
java.lang.Object
    └java.awt.MenuComponent
        └java.awt.MenuBar
```

图 3-3　MenuBar 类的继承关系图

MenuBar 类的构造方法见表 3.5。

表 3.5　MenuBar 类的构造方法

构造方法	说明
MenuBar()	创建新的菜单栏

MenuBar 类的常用方法见表 3.6。

表 3.6　MenuBar 类的常用方法

方法	说明
MenuBar add(Menu m)	将指定的菜单添加到菜单栏

例 3.1　创建一个带菜单的窗口。

```java
import java.awt.*;
class FirstWindow extends Frame
{
//声明菜单栏，菜单，菜单项
    MenuBar menubar;
     Menu menu;
     MenuItem   item1,item2;
//构造方法
    FirstWindow(String s)
     {//设置窗口标题
        setTitle(s);
        //设置边界
        setBounds(0,0,dim.width,dim.height/2);
        //实例化菜单栏
        menubar=new MenuBar();
        //实例化菜单
        menu=new Menu("文件");
        //实例化菜单项
        item1=new MenuItem("打开");
        item2=new MenuItem("保存");
        //将菜单项添加到菜单
        menu.add(item1);
        menu.add(item2);
        //将菜单添加菜单栏
        menubar.add(menu);
```

```
        //将菜单栏添加到窗口
        setMenuBar(menubar);
        setVisible(true);
    }
}
public class Example2_1
{   public static void main(String args[])
    {   FirstWindow win=new FirstWindow("一个带菜单的窗口");
    }
}
```

【任务实施】

完成记事本，可以参考 Windows 的记事本应用程序，如图 3-4 所示。

图 3-4　Windows 的记事本界面

完成这个界面设计，需要用到一个窗口 Frame，一个菜单栏 MenuBar，n 个菜单 Menu，n 个菜单项，一个文本区。

（1）编写 MainFrame 类，该类为记事本文件的窗口，在窗口中添加文本区 TextArea 对象，创建菜单及菜单项。

```
import java.awt.Frame;
import java.awt.Menu;
import java.awt.MenuBar;
import java.awt.MenuItem;
import java.awt.TextArea;

public class MainFrame extends Frame{
    TextArea ta;
    MenuItem miOpen,miNew,miSave,miSaveAs,miClose,miCopy,miPaste,miCut,miHelp;
    Menu mFile,mEdit,mHelp;
    MenuBar mb;
    String s;
    MainFrame(){
        ta=new TextArea();
        miOpen=new MenuItem("打开");
        miNew=new MenuItem("新建");
        miSave=new MenuItem("保存");
        miSaveAs=new MenuItem("另存为");
```

```
            miClose=new MenuItem("关闭");
            miCopy=new MenuItem("复制");
            miPaste=new MenuItem("粘贴");
            miCut=new MenuItem("剪切");
            miHelp=new MenuItem("帮助");

            mFile=new Menu("文件");
            mEdit=new Menu("编辑");
            mHelp=new Menu("帮助");

            mb=new MenuBar();

            mFile.add(miNew);
            mFile.add(miOpen);
            mFile.insertSeparator(2);
            mFile.add(miSave);
            mFile.add(miSaveAs);
            mFile.add(miClose);

            mEdit.add(miCopy);
            mEdit.add(miPaste);
            mEdit.add(miCut);

            mHelp.add(miHelp);

            mb.add(mFile);
            mb.add(mEdit);
            mb.add(mHelp);

            this.add(ta);
            this.setMenuBar(mb);

    }
}
```

（2）新建一个包含 main 方法的测试类，在该类中实例化记事本主窗口。

```
public class Test {
    public static void main(String[] args) {
        MainFrame f=new MainFrame();
        f.setTitle("记事本");
        f.setSize(400, 400);
        f.setVisible(true);
    }
}
```

【任务小结】

通过本任务，完成对记事本的界面设计，主要掌握菜单的设计。

【思考与习题】

1. 下列容器是从 java.awt.Window 继承的是（　　）。
    A. Applet   B. Panel   C. Container   D. Frame

2．在 Java 图形用户界面编程中，若显示一些需要添加或修改的单行文本信息，一般是使用（　　）类的对象来实现。

  A．Label   B．Button   C．TexTarea   D．TestField

3．菜单组成的基本要素包括（　　）。

  A．菜单栏   B．菜单框   C．菜单   D．菜单项

4．请在已经完成的记事本程序上添加一个菜单："格式"，包含两个菜单项"字体"和"颜色"。

任务二　记事本的文本编辑功能

【任务描述】

完成记事本的文本编辑功能，包括复制、粘贴、剪切、分类统计字母、数字和字符的个数。

【任务分析】

本任务的关键点：

- 字符串类的使用。
- 包装类的使用。
- 文本区域组件的常用方法。

【预备知识】

1．字符串类

在 Java 中，字符串常量不同于基本数据类型，而是被看做一个 String 类的对象。因此，可以通过使用 String 类提供的方法完成对字符串的操作。创建一个字符串对象之后，将不能更改构成字符串的字符。其继承关系如图 3-5 所示。

```
java.lang.Object
  └java.lang.String
```

图 3-5　String 的继承关系图

（1）String 对象的初始化

由于 String 对象非常常用，所以在对 String 对象进行初始化时，Java 提供了一种简化的特殊语法，格式如下：

String s = "abc";
s = "Java 语言";

其实按照面向对象的标准语法，其格式应该为：

String s = new String("abc");
  s = new String("Java 语言");

只是按照面向对象的标准语法，在内存使用上存在比较大的浪费。例如 String s = new String("abc"); 实际上创建了两个 String 对象，一个是"abc"对象，存储在常量空间中，一个是使用 new 关键字为对象 s 申请的空间。

String 类的构造方法见表 3.7。

表 3.7　String 类的构造方法

构造方法	说明
String()	初始化一个新创建的 String 对象,使其表示一个空字符序列
String(byte[] bytes)	通过使用平台默认字符集解码指定的 byte 数组,构造一个新的 String
String(byte[] bytes, int offset, int length)	通过使用平台默认字符集解码指定的 byte 子数组,构造一个新的 String
String(char[] value)	分配一个新的 String,使其表示字符数组参数中当前包含的字符序列
String(char[] value, int offset, int count)	分配一个新的 String,它包含取自字符数组参数一个子数组的字符
String(String original)	初始化一个新创建的 String 对象,使其表示一个与参数相同的字符序列;换句话说,新创建的字符串是该参数字符串的副本
String(StringBuffer buffer)	分配一个新的字符串,它包含字符串缓冲区参数中当前包含的字符序列

（2）字符串的常见操作

1）charAt 方法

该方法的作用是按照索引值（规定字符串中第一个字符的索引值是 0，第二个字符的索引值是 1，依次类推），获得字符串中的指定字符。例如：

```
String s = "abc";
char c = s.chatAt(1);
```

则变量 c 的值是'b'。

2）compareTo 方法

该方法的作用是比较两个字符串的大小，比较的原理是依次比较每个字符的字符编码。首先比较两个字符串的第一个字符，如果第一个字符串的字符编码大于第二个字符串的字符编码，则返回大于 0 的值，如果小于则返回小于 0 的值，如果相等则比较后续的字符，如果两个字符串中的字符编码完全相同则返回 0。

例如：

```
String s = "abc";
String s1 = "abd";
int value = s.compareTo(s1);
```

则 value 的值是小于 0 的值，即–1。

在 String 类中还存在一个类似的方法 compareToIgnoreCase，这个方法是忽略字符的大小写进行比较，比较的规则和 compareTo 一样。例如：

```
String s = "aBc";
String s1 = "ABC";
int value = s. compareToIgnoreCase (s1);
```

则 value 的值是 0，即两个字符串相等。

3）concat 方法

该方法的作用是进行字符串的连接，将两个字符串连接以后形成一个新的字符串。例如：

```
String s = "abc";
String s1 = "def";
String s2 = s.concat(s1);
```

则连接以后生成的新字符串 s2 的值是"abcdef",而字符串 s 和 s1 的值不发生改变。如果需要连接多个字符串,可以使用如下方法:
```
String s = "abc";
String s1 = "def";
String s2 = "1234";
String s3 = s.concat(s1).concat(s2);
```
则生成的新字符串 s3 的值为"abcdef1234"。

其实在实际使用时,语法上有一种更简单的形式,就是使用"+"进行字符串的连接。例如:
```
String s = "abc" + "1234";
```
则字符串 s 的值是"abc1234",这样书写更加简单直观。而且使用"+"进行连接,不仅可以连接字符串,也可以连接其他类型。但是要求进行连接时至少有一个参与连接的内容是字符串类型。而且"+"匹配的顺序是从左向右,如果两边连接的内容都是基本数字类型则按照加法运算,如果参与连接的内容至少有一个是字符串才按照字符串进行连接。

例如:
```
int a = 10;
String s = "123" + a + 5;
```
则连接以后字符串 s 的值是"123105",计算的过程为首先连接字符串"123"和变量 a 的值,生成字符串"12310",然后使用该字符串再和数字 5 进行连接生成最终的结果。

而如下代码:
```
int a = 10;
String s = a + 5 + "123";
```
则连接以后字符串 s 的值是"15123",计算的过程为首先计算 a 和数字 5,由于都是数字型则进行加法运算得到数字 15,然后再使用数字 15 和字符串"123"进行连接获得最终的结果。

而下面的连接代码是错误的:
```
int a = 12;
String s = a + 5 + 's';
```
因为参与连接的没有一个是字符串,则计算出来的结果是数字值,在赋值时无法将一个数字值赋值给字符串 s。

4)endsWith 方法

该方法的作用是判断字符串是否以某个字符串结尾,如果以对应的字符串结尾,则返回 true。

例如:
```
String s = "student.doc";
boolean b = s.endsWith("doc");
```
则变量 b 的值是 true。

5)equals 方法

该方法的作用是判断两个字符串对象的内容是否相同。如果相同则返回 true,否则返回 false。

例如:
```
String s = "abc";
String s1 = new String("abc");
boolean b = s.equals(s1);
```
而使用"=="比较的是两个对象在内存中存储的地址是否一样。例如上面的代码中,如果判断:
```
boolean b = (s == s1);
```

则变量 b 的值是 false，因为 s 对象对应的地址是"abc"的地址，而 s1 使用 new 关键字申请新的内存，所以内存地址和 s 的"abc"的地址不一样，所以获得的值是 false。

在 String 类中存在一个类似的方法 equalsIgnoreCase，该方法的作用是忽略大小写比较两个字符串的内容是否相同。例如：

```
String s = "abc";
String s1 ="ABC";
boolean b = s. equalsIgnoreCase (s1);
```

则变量 b 的值是 true。

6）getBytes 方法

该方法的作用是将字符串转换为对应的 byte 数组，从而便于数据的存储和传输。例如：

```
String s = "计算机";
byte[] b = s.getBytes();        //使用本机默认的字符串转换为 byte 数组
byte[] b = s.getBytes("gb2312");    //使用 gb2312 字符集转换为 byte 数组
```

在实际转换时，一定要注意字符集的问题，否则中文在转换时将会出现问题。

7）indexOf 方法

该方法的作用是查找特定字符或字符串在当前字符串中的起始位置，如果不存在则返回–1。例如：

```
String s = "abcded";
int index = s.indexOf('d');
int index1 = s.indexOf('h');
```

则返回字符 d 在字符串 s 中第一次出现的位置，数值为 3。由于字符 h 在字符串 s 中不存在，则 index1 的值是–1。

当然，也可以从特定位置以后查找对应的字符，例如：

```
int index = s.indexOf('d',4);
```

则查找字符串 s 中从索引值 4（包括 4）以后的字符中第一个出现的字符 d，则 index 的值是 5。

由于 indexOf 是重载的，也可以查找特定字符串在当前字符串中出现的起始位置，使用方式和查找字符的方式一样。

另外一个类似的方法是 lastIndexOf 方法，其作用是从字符串的末尾开始向前查找第一次出现的规定字符或字符串，例如：

```
String s = "abcded";
int index = s. lastIndexOf('d');
```

则 index 的值是 5。

8）length 方法

该方法的作用是返回字符串的长度，也就是返回字符串中字符的个数。中文字符也是一个字符。例如：

```
String s = "abc";
String s1 = "Java 语言";
int len = s.length();
int len1 = s1.length();
```

则变量 len 的值是 3，变量 len1 的值是 6。

9）replace 方法

该方法的作用是替换字符串中所有指定的字符，然后生成一个新的字符串。经过该方法调用以后，原来的字符串不发生改变。例如：
```
String s = "abcat";
String s1 = s.replace('a','1');
```
该代码的作用是将字符串 s 中所有的字符 a 替换成字符 1，生成的新字符串 s1 的值是"1bc1t"，而字符串 s 的内容不发生改变。

如果需要将字符串中某个指定的字符串替换为其他字符串，则可以使用 replaceAll 方法，例如：
```
String s = "abatbac";
String s1 = s.replaceAll("ba","12");
```
该代码的作用是将字符串 s 中所有的字符串"ab"替换为"12"，生成新的字符串"a12t12c"，而字符串 s 的内容也不发生改变。

如果只需要替换第一个出现的指定字符串时，可以使用 replaceFirst 方法，例如：
```
String s = "abatbac";
String s1 = s. replaceFirst ("ba","12");
```
该代码的作用是只将字符串 s 中第一次出现的字符串"ab"替换为字符串"12"，则字符串 s1 的值是"a12tbac"，而字符串 s 的内容不发生改变。

10）split 方法

该方法的作用是以特定的字符串作为间隔，拆分当前字符串的内容，一般拆分以后会获得一个字符串数组。例如：
```
String s = "ab,12,df";
String s1[] = s.split(',');
```
该代码的作用是以字符","作为间隔，拆分字符串 s，从而得到拆分以后的字符串数组 s1，其内容为：{"ab","12","df"}。

该方法是解析字符串的基础方法。

如果在字符串内部存在和间隔字符串相同的内容时将拆除空字符串，尾部的空字符串会被忽略。例如：
```
String s = "abbcbtbb";
String s1[] = s.split('b');
```
则拆分出的结果字符串数组 s1 的内容为：{'a','','c','t'}。拆分出的中间的空字符串的数量等于中间间隔字符串的数量减一。例如：
```
String s = "abbbcbtbbb";
String s1[] = s.split('b');
```
则拆分出的结果是：{'a','','','c','t'}。最后的空字符串不论有多少个，均被忽略。

如果需要限定拆分以后的字符串数量，则可以使用另外一个 split 方法，例如：
```
String s = "abcbtb1";
String s1[] = s.split('b',2);
```
该代码的作用是将字符串 s 最多拆分成 2 个字符串数组。则结果为：{"a","cbtb1"}。

如果第二个参数为负数，则拆分出尽可能多的字符串，包括尾部的空字符串也将被保留。

11）startsWith 方法

该方法的作用和 endsWith 方法类似，只是该方法是判断字符串是否以某个字符串作为开始。例如：
```
String s = "TestGame";
boolean b = s.startsWith("Test");
```
则变量 b 的值是 true。

12）substring 方法

该方法的作用是取字符串中的"子串"，所谓"子串"即字符串中的一部分。例如"23"是字符串"123"的子串。

字符串"123"的子串一共有 6 个："1"、"2"、"3"、"12"、"23"、"123"。而"32"不是字符串"123"的子串。

例如：
```
String s = "Test";
String s1 = s.substring(2);
```
则该代码的作用是取字符串 s 中索引值为 2（包括）以后的所有字符作为子串，则字符串 s1 的值是"st"。

如果数字的值和字符串的长度相同，则返回空字符串。例如：
```
String s = "Test";
String s1 = s.substring(4);
```
则字符串 s1 的值是""。

如果需要取字符串内部的一部分，则可以使用带 2 个参数的 substring 方法，例如：
```
String s = "TestString";
String s1 = s.substring(2,5);
```
则该代码的作用是取字符串 s 中从索引值 2（包括）开始，到索引值 5（不包括）的部分作为子串，则字符串 s1 的值是"stS"。

下面是一个简单的应用代码，该代码的作用是输出任意一个字符串的所有子串。代码如下：
```
String s = "子串示例";
int len = s.length(); //获得字符串长度
for(int begin = 0;begin < len – 1;begin++){ //起始索引值
    for(int end = begin + 1;end <= len;end++){ //结束索引值
        System.out.println(s.substring(begin,end));
    }
}
```
在该代码中，循环变量 begin 代表需要获得的子串的起始索引值，其变化的区间从第一个字符的索引值 0 到倒数第二个字符的索引值 len –2，而 end 代表需要获得的子串的结束索引值，其变化的区间从起始索引值的后续一个到字符串长度。通过循环嵌套，可以遍历字符串中的所有子串。

13）toCharArray 方法

该方法的作用和 getBytes 方法类似，即将字符串转换为对应的 char 数组。例如：
```
String s = "abc";
char[] c = s.toCharArray();
```
则字符数组 c 的值为：{'a','b','c'}。

14）toLowerCase 方法

该方法的作用是将字符串中所有大写字符都转换为小写字符。例如：
```
String s = "AbC123";
String s1 = s.toLowerCase();
```
则字符串 s1 的值是"abc123"，而字符串 s 的值不变。

类似的方法是 toUpperCase，该方法的作用是将字符串中的小写字符转换为对应的大写字符。

例如：
```
String s = "AbC123";
String s1 = s. toUpperCase ();
```

则字符串 s1 的值是"ABC123",而字符串 s 的值也不变。

15) trim 方法

该方法的作用是去掉字符串开始和结尾的所有空格,然后形成一个新的字符串。该方法不去掉字符串中间的空格。例如:

```
String s = "   abc abc 123 ";
String s1 = s.trim();
```

则字符串 s1 的值为:"abc abc 123"。字符串 s 的值不变。

16) valueOf 方法

该方法的作用是将其他类型的数据转换为字符串类型。需要注意的是:基本数据和字符串对象之间不能使用以前的强制类型转换的语法进行转换。

另外,由于该方法是 static 方法,所以不用创建 String 类型的对象。例如:

```
int n = 10;
String s = String.valueOf(n);
```

则字符串 s 的值是"10"。虽然对于程序员来说,没有发生什么变化,但是对于程序来说,数据的类型却发生了变化。

介绍一个简单的应用,判断一个自然数是几位数字的逻辑代码如下:

```
int n = 12345;
String s = String.valueOf(n);
int len = s.length();
```

这里字符串的长度 len,就代表该自然数的位数。这种判断比数学判断方法在逻辑上要简单一些。

例 3.2 中国古代有一种对联方式称为"回文",如"人上天然居,居然天上人","人过大佛寺,寺佛大过人"。编写程序完成字符串的倒序输出。

```
public class StringInvert{
    public static void main(String []args){
        String s="人上天然居";
        String result;
        for(int i=(s.length-1);i>=0;i--){
            result=result.append(s.chartAt (i));
        }
        System.out.println(result);
    }
}
```

2. 包装类

Java 语言是一个面向对象的语言,但是 Java 中的基本数据类型却不是面向对象的,这在实际使用时存在很多不便,为了解决这个不足,在设计类时为每个基本数据类型设计了一个对应的类进行代表,这样 8 个和基本数据类型对应的类统称为包装类(Wrapper Class),有些地方也翻译为外覆类或数据类型类。

包装类均位于 java.lang 包中,包装类和基本数据类型的对应关系如表 3.8 所示。

在这 8 个类名中,除了 Integer 和 Character 类,其他 6 个类的类名和基本数据类型一致,只是类名的第一个字母大写即可。

对于包装类说,这些类的用途主要包含两种:

①作为和基本数据类型对应的类类型存在,方便涉及到对象的操作。

②包含每种基本数据类型的相关属性，如最大值、最小值等，以及相关的操作方法。

表 3.8 基本数据类型与包装类的对映表

基本数据类型	包装类
byte	Byte
boolean	Boolean
short	Short
char	Character
int	Integer
long	Long
float	Float
double	Double

由于 8 个包装类的使用比较类似，下面以最常用的 Integer 类为例介绍包装类的实际使用。

（1）实现基本数据类型和包装类之间的转换

在实际转换时，使用 Integer 类的构造方法和 Integer 类内部的 intValue 方法实现这些类型之间的相互转换，实现的代码如下：

```
int n = 10;
Integer in = new Integer(100);
//将 int 类型转换为 Integer 类型
Integer in1 = new Integer(n);
//将 Integer 类型的对象转换为 int 类型
int m = in.intValue();
```

（2）包装类内部的常用方法

在 Integer 类内部包含了一些和 int 操作有关的方法，下面介绍一些比较常用的方法：

1）parseInt 方法

```
public static int parseInt(String s)
```

该方法的作用是将数字字符串转换为 int 数值。在后续的界面编程中，将字符串转换为对应的 int 数字是一种比较常见的操作。使用示例如下：

```
String s = "123";
int n = Integer.parseInt(s);
```

则 int 变量 n 的值是 123，该方法实际上实现了字符串和 int 之间的转换，如果字符串包含的不都是数字字符，程序执行将会出现异常。

另外一个 parseInt 方法：

```
public static int parseInt(String s, int radix)
```

则实现将字符串按照参数 radix 指定的进制转换为 int，使用示例如下：

```
//将字符串"120"按照十进制转换为 int，则结果为 120
int n = Integer.parseInt("120",10);
//将字符串"12"按照十六进制转换为 int，则结果为 18
int n = Integer.parseInt("12",16);
//将字符串"ff"按照十六进制转换为 int，则结果为 255
int n = Integer.parseInt("ff",16);
```

这样可以实现更灵活的转换。

2）toString 方法

```
public static String toString(int i)
```

该方法的作用是将 int 类型转换为对应的 String 类型。

使用示例代码如下：
```
int m = 1000;
String s = Integer.toString(m);
```
则字符串 s 的值是"1000"。

另外一个 toString 方法则实现将 int 值转换为特定进制的字符串：
```
public static int parseInt(String s, int radix)
```

使用示例代码如下：
```
int m = 20;
String s = Integer.toString(m);
```
则字符串 s 的值是"14"。

其实，JDK 从 1.5(5.0)版本以后，就引入了自动拆装箱的语法，也就是在进行基本数据类型和对应的包装类转换时，系统将自动进行，这将大大方便程序员的代码书写。使用示例代码如下：
```
//int 类型会自动转换为 Integer 类型
int m = 12;
Integer in = m;
//Integer 类型会自动转换为 int 类型
int n = in;
```
所以在实际使用时类型转换将变得很简单，系统将自动实现对应的转换。

（3）包装类 Character

Character 类在对象中包装一个基本类型 char 的值。其继承关系如图 3-6 所示。Character 类型的对象包含类型为 char 的单个字段。

```
java.lang.Object
    └ java.lang.Character
```

图 3-6 Character 类的继承关系图

Character 类的构造方法见表 3.9。

表 3.9 Character 类的构造方法

构造方法	说明
Character(char value)	构造一个新分配的 Character 对象，用以表示指定的 char 值

Character 类的常用方法见表 3.10。

表 3.10 Character 类的常用方法

常用方法	说明
boolean equals(Object obj)	将此对象与指定对象比较。当且仅当参数不为 null，而是一个与此对象包含相同 char 值的 Character 对象时，结果才是 true
static boolean isDigit(char ch)	确定指定字符是否为数字
static boolean isLetter(char ch)	确定指定字符是否为字母
static boolean isLowerCase(char ch)	确定指定字符是否为小写字母
static boolean isSpaceChar(char ch)	确定指定字符是否为 Unicode 空白字符
static boolean isTitleCase(char ch)	确定指定字符是否首字母为大写字符

续表

常用方法	说明
static boolean isUpperCase(char ch)	确定指定字符是否为大写字母
static char toUpperCase(char ch)	使用取自 UnicodeData 文件的大小写映射信息将字符参数转换为大写

例 3.3 判断一个字符串中有多少个字符，多少个字母，多少个数字。

```java
public class Example2_3{
    public static void main(String []args){
        String s="123 I have a dream 456";
        System.out.println(s+"中一共有"+s.length()+"个字符");
        int numDigit=0,numLetter=0;
        for(int i=0;i<s.length();i++){
            char a=s.charAt(i);
            if(Character.isDigit(a)){
                numDigit=numDigit+1;
            }
            if(Character.isLetter(a)){
                numLetter=numLetter+1;
            }
        }
    }
}
```

3. 文本区域 TextArea

TextArea 对象是显示文本的多行区域。可以将它设置为允许编辑或只读。其继承关系如图 3-7 所示。

```
java.lang.Object
    └java.awt.Component
        └java.awt.TextComponent
            └java.awt.TextArea
```

图 3-7 TextArea 类的继承关系图

TextArea 类的构造方法见表 3.11。

表 3.11 TextArea 类的构造方法

构造方法	说明
TextArea()	构造一个将空字符串作为文本的新文本区
TextArea(int rows, int columns)	构造一个新文本区，该文本区具有指定的行数和列数，并将空字符串作为文本
TextArea(String text)	构造具有指定文本的新文本区
TextArea(String text, int rows, int columns)	构造一个新文本区，该文本区具有指定的文本，以及指定的行数和列数
TextArea(String text, int rows, int columns, int scrollbars)	构造一个新文本区，该文本区具有指定的文本，以及指定的行数、列数和滚动条可见性

TextArea 类的常用方法见表 3.12。

表 3.12 TextArea 类的常用方法

方法	说明
void append(String str)	将给定文本追加到文本区的当前文本
void insert(String str,int pos)	在此文本区的指定位置插入指定文本
void replaceRange(String str, int start,int end)	用指定文本替换指定开始位置与结束位置之间的文本。结束处的文本不会被替换
String getSelectedText()	返回此文本组件所表示文本的选定文本
int getSelectionEnd()	获取此文本组件中选定文本的结束位置
void setSelectionEnd(int selectionEnd)	将此文本组件的选定结束位置设置为指定位置。新的结束点限制在当前选定开始位置处或之后。并且不能将它设置为超出组件文本末端
void select(int selectionStart, int selectionEnd)	选择指定开始位置和结束位置之间的文本
String getText()	返回此文本组件表示的文本。默认情况下，此文本是一个空字符串
void setText(String t)	将此文本组件显示的文本设置为指定文本

【任务实施】

```java
import java.awt.Frame;
import java.awt.Menu;
import java.awt.MenuBar;
import java.awt.MenuItem;
import java.awt.TextArea;
import java.awt.event.ActionEvent;
import java.awt.event.ActionListener;
import java.awt.event.WindowAdapter;
import java.awt.event.WindowEvent;
import java.awt.event.WindowListener;

public class MainFrame extends Frame implements ActionListener{
    TextArea ta;
    MenuItem miOpen,miNew,miSave,miSaveAs,miClose,miCopy,miPaste,miCut,miHelp;
    Menu mFile,mEdit,mHelp;
    MenuBar mb;
    String s;
    MainFrame(){
        ta=new TextArea();
        …
        this.add(ta);
        this.setMenuBar(mb);

        this.addWindowListener(new WindowAdapter(){
            public void windowClosing(WindowEvent we){
                System.exit(0);
            }
        };
        miClose.addActionListener(this);
        miCopy.addActionListener(this);
```

```
            miPaste.addActionListener(this);
            miCut.addActionListener(this);
            s=null;
        }
        public void actionPerformed(ActionEvent e) {
        if(e.getSource()==miClose){
            System.exit(0);
        }
        if(e.getSource()==miNew){
            ta.setText("");
        }
        if(e.getSource()==miCopy){
            s=ta.getSelectedText();
        }
        if(e.getSource()==miPaste){
            int pos=ta.getCaretPosition();
            ta.insert(s, pos);
        }
        if(e.getSource()==miCut){
            s=ta.getSelectedText();
            int st=ta.getSelectionStart();
            int en=ta.getSelectionEnd();
            ta.replaceRange("", st, en);
        }
    }
}
```

【任务小结】

通过本任务，学习 String 类和包装类的使用及文本区域组件的常用方法。实现记事本程序的文本编辑功能。

【思考与习题】

1. 以下 Character 类的方法中，（　　）可以确定字符是否为字母。
   A．isDigit()方法　　　　　　　　　　B．isLetter()方法
   C．isSpace()方法　　　　　　　　　　D．isUnicodeIdentifier()方法
2. Java 提供名为（　　）的包装类来包装基本数据类型 int。
   A．Integer　　　　B．Double　　　　C．String　　　　D．Char
3. 下列 String 类的（　　）方法返回指定字符串的一部分。
   A．extractstring()　　B．substring()　　C．Substring()　　D．middlestring()
4. java.lang 包的（　　）方法将比较两个对象是否相等，如果相等则返回 true。
   A．toString()　　B．compare()　　C．equals()　　D．以上选项都不正确

任务三　完成对话框

【任务描述】

完成菜单项的"帮助"对话框。

【任务分析】

单击"帮助"菜单后，应弹出一个对话框，该对话框的内容由程序开发人员自定，可以提示一定信息，也可以返回一些数据。

本任务的关键点：
- 对话框的声明和使用。
- 文件对话框、颜色对话框的使用。

【预备知识】

1. 对话框 Dialog 类

Dialog 类和 Frame 类都是 Window 的子类。但不同之处是，对话框必须依赖于某个窗口或组件，当它所依赖的窗口或组件消失时，对话框也消失；当它所依赖的窗口或组件可见时，对话框会自动恢复。

创建对话框与创建窗口类似，通过继承一个 Dialog 类来建立一个对话框类。对话框也是一个容器，它的默认布局方式是 BorderLayout，可以添加组件，实现与用户的交互操作。

Dialog 类的构造方法见表 3.13。

表 3.13 Dialog 类的构造方法

构造方法	说明
Dialog(Frame f,String s)	构造一个具有标题 s 的初始不可见的对话框，f 是对话框所依赖的窗口
Dialog(Frame f,String s,boolean b)	构造一个具有标题 s 的初始不可见的对话框，f 是对话框所依赖的窗口，b 决定对话框是有模式或无模式

Dialog 对话框的模式分为无模式和有模式两种。

如果一个对话框是有模式的，那么当这个对话框处于激活状态时，只让程序响应对话框内部的事件，程序不能再激活它所依赖的窗口或组件，当完成操作关闭对话框后，方可对它所依赖的窗口进行操作。

无模式对话框处于激活状态，程序仍然能够激活它所依赖的窗口或组件。

Dialog 类的常用方法见表 3.14。

表 3.14 Dialog 类的常用方法

方法	说明
getTitle()	获取对话框的标题
setTitle()	设置对话框的标题
setModal(boolean b)	设置对话框的模式
setSize()	设置对话框的大小
setVisible(boolean b)	显示或隐藏对话框

2. 文件对话框 FileDialog 类

FileDialog 是 Dialog 的子类，它创建的对象称为文件对话框。文件对话框是一个打开文件和保存文件的有模式对话框。文件对话框必须依赖一个 Frame 对象。

FileDialog 类的主要方法见表 3.15。

表 3.15 FileDialog 类的主要方法

方法	说明
FileDialog(Frame f,String s,int mode)	构造方法，f 为所依赖的窗口对象，s 是对话框的名称，mode 取值为 FileDialog.LOAD 或 FileDialog.SAVE
public String getDirectory()	获取当前对话框中所显示的文件目录
public String getFile()	获取对话框中显示的文件的字符串表示，如不存在则为 null

当文件对话框处于激活状态时，在"文件名"输入栏中输入文件名后，无论单击对话框中的"打开"按钮或"取消"按钮，对话框都自动消失，不能实现对文件的打开或保存操作，因为文件对话框仅仅提供了一个操作的界面，不能真正实现对文件的输入/输出操作。当单击了文件对话框上的"打开"或"保存"按钮后，getFile()方法才能返回非空的字符串对象。

3. 消息对话框 JOptionPane 类

消息对话框是有模式对话框，进行一个重要的操作动作之前，最好能弹出一个消息对话框进行确认。可以调用 Javax.swing 包中的 JOptionPane 类的静态方法创建：

```
public static void showMessageDialog(
    Component parentComponent,   //消息对话框依赖的组件
    String message,              //要显示的消息
    String title,                //对话框的标题
    int messageType);            //对话框的外观，取值如下：
JOptionPane.INFORMATION_MESSAGE
JOptionPane.WARNING_MESSAGE
JOptionPane.ERROR_MESSAGE
JOptionPane.QUESTION_MESSAGE
JOptionPane.PLAIN_MESSAGE
```

4. 确认对话框 JOptionPane 类

确认对话框是有模式对话框，使用 javax.swing 包中的 JOptionPane 类的静态方法创建：

```
public static int showConfirmDialog(
    Component parentComponent,   //对话框所依赖的组件
    Object mesage,               //对话框上显示的消息
    String title,                //对话框的标题
    int optionType);             //对话框的外观，取值如下：
JOptionPane.YES_NO_OPTION
JOptionPane.YES_NO_CANCEL_OPTION
JOptionPane.OK_CANCEL_OPTION
```

当对话框消失后，showConfirmDialog 方法会返回下列整数之一：

```
JOptionPane.YES_OPTION
JOptionPane.NO_OPTION
JOptionPane.CANCEL_OPTION
JOptionPane.OK_OPTION
JOptionPane.CLOSED_OPTION
```

返回的具体值依赖于用户单击了对话框上的哪个按钮以及对话框上的关闭图标。

5. 颜色对话框 JColorChooser 类

使用 javax.swing 包中的 JColorChooser 类的静态方法创建：
```
public static Color showDialog(
    Component component,         //对话框所依赖的组件
    String title,                //对话框的标题
    Color initialColor);         //对话框消失后返回的默认颜色
```
该类可根据用户在颜色对话框中选择的颜色返回一个颜色对象。

【任务实施】

（1）定义"帮助"对话框类。

```java
import java.awt.Button;
import java.awt.Dialog;
import java.awt.Frame;
import java.awt.GridLayout;
import java.awt.Label;
import java.awt.Panel;
import java.awt.event.ActionEvent;
import java.awt.event.ActionListener;

//定义"帮助"对话框
public class DHelp extends Dialog implements ActionListener{
    Label lmessage;
    Button bClose;
    Panel p;
    //构造方法
    DHelp(Frame f,String s,boolean b){
        //父类的构造方法
        super(f,s,b);
        lmessage=new Label("本程序由 11 软件技术班完成");
        bClose=new Button("关闭");
        p=new Panel();
        //设置布局方式为网格型
        GridLayout g=new GridLayout(2,1);
        this.setLayout(g);
        this.add(lmessage);
        this.add(p);
        p.add(bClose);

        bClose.addActionListener(this);
    }
    public void actionPerformed(ActionEvent arg0) {
        //设置对话框不可见
        this.setVisible(false);

    }
}
```

（2）修改 MainFrame 类，添加"帮助"菜单功能实现。

```java
public void actionPerformed(ActionEvent e) {
    //实现"帮助"菜单功能
    if(e.getSource()==miHelp){
        //实例化"帮助"对话框
        DHelp help=new DHelp(this,"帮助信息",false);
```

```
            //设置对话框大小
            help.setSize(200, 200);
            //设置对话框可见
            help.setVisible(true);
        }
```
(3) 添加"颜色"菜单，其中包含"字体颜色"和"背景颜色"两个菜单项。
```
public void actionPerformed(ActionEvent e) {
        //实现"字体颜色"菜单功能
        if(e.getSource()==miColorFore){
            //通过颜色对话框获得用户选择的颜色存储在颜色对象中
            Color newColor=JColorChooser.showDialog(this,"调色板",Color.BLACK);
            //设置字体颜色为用户选择颜色
            ta.setForeground(newColor);

        }
        //实现"背景颜色"菜单功能
        if(e.getSource()==miColorBackground){
            //通过颜色对话框获得用户选择的颜色存储在颜色对象中
            Color newColor=JColorChooser.showDialog(this,"调色板",Color.BLACK);
            //设置背景颜色为用户选择颜色
            ta.setBackground(newColor);
        }
}
```

【任务小结】

通过本任务，实现自定义对话框及调用颜色对话框，完成"帮助"及"颜色"菜单功能。

【思考与习题】

1. （　　）类用于创建菜单项。

　　A．MenuItem　　　B．PopupMenu　　　C．Menu　　　　　D．MenuBar
2. 以下菜单类中，（　　）是父类。

　　A．CheckBoxMenuItem　　　　　　　B．RadioButtonMenuItem

　　C．Menu　　　　　　　　　　　　　D．MenuItem

3. 编写一个应用程序，用户可以在一个文本框中输入数字字符，按 Enter 键后将数字放入一个文本区域。当输入的数字大于 1000 时，弹出一个有模式的对话框，提示用户数字已经大于 1000，是否继续将该数字放入文本区。

任务四　记事本的打开与保存功能

【任务描述】

实现记事本的文件打开和文件保存的功能。

【任务分析】

应用程序中的数据要写入到硬盘的某个文件上，或者要将硬盘的某个文件的内容读取到应用程序中，都需要读或写某个文件。要实现文件读写，需要掌握输入输出流的操作。

本任务的关键点：
- 文本文件的读写操作。

【预备知识】

1. File 类

File 对象既可表示文件，也可表示目录。在程序中一个 File 对象可以代表一个文件或目录。利用它可对文件或目录及其属性进行基本操作。通过它可以获得与文件相关的信息，如名称、文件大小、最后修改日期等。File 类的继承关系如图 3-8 所示。

```
java.lang.Object
  └java.io.File
```

图 3-8 File 类的继承关系图

File 类的构造方法见表 3.16。

表 3.16 File 类的构造方法

构造方法	说明
File(String filename)	根据文件的路径创建 File 实例
File(String directoryPath,String filename)	根据文件路径和文件名创建 File 实例
File(File f,String filename)	根据文件的抽象路径名和文件路径创建一个 File 实例

File 类的常用方法见表 3.17。

表 3.17 File 类的常用方法

方法	说明
String getAbsolutePath()	返回此抽象路径名的绝对路径名字符串
String getName()	返回由此抽象路径名表示的文件或目录的名称。该名称是路径名名称序列中的最后一个名称。如果路径名名称序列为空，则返回空字符串
String getParent()	返回此抽象路径名父目录的路径名字符串；如果此路径名没有指定父目录，则返回 null
String getPath()	将此抽象路径名转换为一个路径名字符串
boolean isDirectory()	测试此抽象路径名表示的文件是否是一个目录
boolean isFile()	测试此抽象路径名表示的文件是否是一个标准文件
boolean isHidden()	测试此抽象路径名指定的文件是否是一个隐藏文件
long lastModified()	返回此抽象路径名表示的文件最后一次被修改的时间
long length()	返回由此抽象路径名表示的文件的长度
boolean exists()	测试此抽象路径名表示的文件或目录是否存在

例 3.4 获取某个文件的一些信息。
```
public class example3_3{
    public static void main(String []args){
        File f=new File("d:\java\example\readme.txt");
```

```
            System.out.println("文件的名称是"+f.getName());
            System.out.println("文件是否存在"+f.exits());
            System.out.println("文件的长度"+f.length());
            System.out.println("文件的路径是"+f.getAbsolutePath());
            System.out.println("是否是文件"+f.isFile());
            System.out.println("是否是目录"+f.isDirectory());
            System.out.println("文件的最后修改时间"+f.lastModified());
    }
}
```

2. 流

Java 中对文件的操作是以流的方式进行的。流是 Java 内存中一组有序数据序列。Java 将数据从源（文件、内存、键盘、网络）读入到内存中，形成了流，然后将这些流写到另外的目的地（文件、内存、控制台、网络）。之所以称为流，是因为这个数据序列在不同时刻所操作的是源的不同部分。

在 Java 类库中，IO 部分的内容很庞大，它涉及的领域很广泛：标准输入输出、文件的操作、网络上的数据流、字符串流、对象流、zip 文件流。

- 按流向分

输入流：程序可以从中读取数据的流。

输出流：程序能向其中写入数据的流。

- 按数据传输单位分

字节流：以字节为单位传输数据的流。

字符流：以字符为单位传输数据的流。

- 按功能分

节点流：用于直接操作目标设备的流。

过滤流：是对一个已存在的流的链接和封装，通过对数据进行处理为程序提供功能强大、灵活的读写功能。

JDK 所提供的所有流类位于 java.io 包中，分别继承自以下四种抽象流类。

- InputStream：继承自 InputStream 的流都是用于向程序中输入数据的，且数据单位都是字节（8 位）。
- OutputSteam：继承自 OutputStream 的流都是程序用于向外输出数据的，且数据单位都是字节（8 位）。
- Reader：继承自 Reader 的流都是用于向程序中输入数据的，且数据单位都是字符（16 位）。
- Writer：继承自 Writer 的流都是程序用于向外输出数据的，且数据单位都是字符（16 位）。

3. FileInputStream 类和 FileOutputStream 类

FileInputStream 从文件系统中的某个文件中获得输入字节，如果用户的文件读取需求比较简单，那么用户可以使用该类，该类是从 InputStream 中派生出来的简单输入类，该类的实例方法都是从 InputStream 类继承来的。其继承关系如图 3-9 所示。

```
java.lang.Object
  └java.io.InputStream
      └java.io.FileInputStream
```

图 3-9　FileInputStream 类的继承关系图

FileInputStream 类的构造方法见表 3.18。

表 3.18 FileInputStream 类的构造方法

构造方法	说明
FileInputStream(File file)	通过打开一个到实际文件的连接来创建一个 FileInputStream，该文件通过文件系统中的 File 对象 file 指定
FileInputStream(String name)	通过打开一个到实际文件的连接来创建一个 FileInputStream，该文件通过文件系统中的路径名 name 指定

FileInputStream 类的常用方法见表 3.19。

表 3.19 FileInputStream 类的常用方法

方法	说明
int available()	返回下一次对此输入流调用的方法可以不受阻塞地从此输入流读取（或跳过）的估计剩余字节数
void close()	关闭此文件输入流并释放与此流有关的所有系统资源
int read()	从此输入流中读取一个数据字节
int read(byte[] b)	从此输入流中将最多 b.length 个字节的数据读入一个 byte 数组中
int read(byte[] b, int off,int len)	从此输入流中将最多 len 个字节的数据读入一个 byte 数组中

使用 FileInputStream 类读取文本文件的步骤：

第一步：导入相关类

```
import java.io.IOException;
import java.io.InputStream;
import java.io.FileInputStream;
```

第二步：构造一个文件输入流对象

```
InputStream fileobject = new FileInputStream("text.txt");
```

第三步：利用文件输入流类的方法读取文本文件的数据

```
fileobject.available();    //可读取的字节数
fileobject.read();         //读取文件的数据
```

第四步：关闭文件输入流对象

```
fileobject.close();
```

例 3.5 使用 FileInputStream 类读取操作系统上的某个文件。

```
public class Example2_4{
public static void main(String[] args) throws IOException {
        int size;
        InputStream fileobject = new FileInputStream("t1.txt");
        System.out.println("可读取的字节数: "+ (size = fileobject.available()));
        char[] text = new char[200] ;
        for (int count = 0; count < size; count++) {
            text[count] = ((char) fileobject.read());
            System.out.print(text[count]);
        }
        System.out.println("");
        fileobject.close();
    }
}
```

FileOutputStream 类与 FileInputStream 类相对应，FileOutputStream 类称为文件输入流，它的作

用是把内存中的数据输出到文件中去。它是一个字节输出流 OutputStream 抽象类的一个子类。其继承关系如图 3-10 所示。

```
java.lang.Object
  └ java.io.OutputStream
      └ java.io.FileOutputStream
```

图 3-10　FileOutputStream 类的继承关系图

FileOutputStream 类的构造方法见表 3.20。

表 3.20　FileOutputStream 类的构造方法

构造方法	说明
FileOutputStream(File file)	创建一个向指定 File 对象表示的文件中写入数据的文件输出流
FileOutputStream(String name)	创建一个向具有指定名称的文件中写入数据的输出文件流

FileOutputStream 类的常用方法见表 3.21。

表 3.21　FileOutputStream 类的常用方法

方法	说明
void write(int b)	将指定字节写入此文件输出流
void write(byte[] b)	将 b.length 个字节从指定 byte 数组写入此文件输出流中
void write(byte[] b, int off,int len)	将指定 byte 数组中从偏移量 off 开始的 len 个字节写入此文件输出流
void close()	关闭此文件输出流并释放与此流有关的所有系统资源

使用 FileOutputStream 类写进文本文件的步骤：

第一步：导入相关类

```java
import java.io.IOException;
import java.io.OutputStream;
import java.io.FileOutputStream;
```

第二步：构造一个文件输出流对象

```java
OutputStream fos = new FileOutputStream("Text.txt");
```

第三步：利用文件输出流的方法写文本文件

```java
String str ="好好学习 Java";
byte[] words = str.getBytes();
fos.write(words, 0, words.length);
```

第四步：关闭文件输出流

```java
fos.close();
```

例 3.6　使用 FileOutputStream 类将一个字符串写入文本文件。

```java
public class Example3_5{
    public static void main(String[] args) {
        try {
            String str ="好好学习 Java";
            byte[] words    = str.getBytes();
            OutputStream fos = new FileOutputStream("Text.txt");
            fos.write(words, 0, words.length);
            System.out.println("Text 文件已更新!");
```

```
                fos.close();
        } catch (IOException obj) {
                System.out.println("创建文件时出错!");
        }
    }
}
```

4. BufferedReader 类和 BufferedWriter 类

BufferedReader 类可以从字符输入流中读取文本，缓冲各个字符，从而实现字符、数组和行的高效读取。可以指定缓冲区的大小，或者可使用默认的大小。大多数情况下，默认值就足够大了。其继承关系如图 3-11 所示。

```
java.lang.Object
    └java.io.Reader
        └java.io.BufferedReader
```

图 3-11　BufferedReader 类的继承关系图

BufferedReader 类的构造方法见表 3.22。

表 3.22　BufferedRreader 类的构造方法

构造方法	说明
BufferedReader(Reader in)	创建一个使用默认大小输入缓冲区的缓冲字符输入流
BufferedReader(Reader in, int sz)	创建一个使用指定大小输入缓冲区的缓冲字符输入流

BufferedReader 类的常用方法见表 3.23。

表 3.23　BufferedReader 类的常用方法

方法	说明
int read()	读取单个字符
int read(char[] cbuf,int off,int len)	将字符读入数组的某一部分
String readLine()	读取一个文本行
void close()	关闭该流并释放与之关联的所有资源

使用 BufferedReader 类从文本文件中读取字符的步骤：

第一步：引入相关的类
```
import java.io.FileReader;
import java.io.BufferedReader;
import java.io.IOException;
```

第二步：构造一个 BufferedReader 对象
```
FileReader fr=new FileReader("mytest.txt");
BufferedReader br=new BufferedReader(fr);
```

第三步：读取文本文件的数据
```
br.readLine();          //读取一行数据，返回字符串
```

第四步：关闭相关的流对象
```
br.close();
fr.close();
```

例 3.7　使用 BufferedReader 类读取文本文件。
```
public class Example3_6{
    public static void main(String []args){
```

```
        /**创建一个 FileReader 对象.*/
        FileReader fr=new FileReader("mytest.txt");
        /**创建一个 BufferedReader 对象.*/
        BufferedReader br=new BufferedReader(fr);
        /**读取一行数据.*/
        String line=br.readLine();
        while(line!=null){
            System.out.println(line);
            line=br.readLine();
        }
    }
}
```

BufferedWriter 类可以以字符流的方式通过缓冲区把数据写入文本文件，可以提高写入文本文件的效率。BufferedWriter、FileWriter 都是字符输出流 Writer 抽象类下的子类。其继承关系如图 3-12 所示。

```
java.lang.Object
  └java.io.Writer
      └java.io.BufferedWriter
```

图 3-12　BufferedWriter 类的继承关系图

BufferedWriter 类的构造方法见表 3.24。

表 3.24　BufferedWriter 类的构造方法

构造方法	说明
BufferedWriter(Writer out)	创建一个使用默认大小输出缓冲区的缓冲字符输出流
BufferedWriter(Writer out, int sz)	创建一个使用给定大小输出缓冲区的新缓冲字符输出流

BufferedWriter 类的常用方法见表 3.25。

表 3.25　BufferedWriter 类的常用方法

方法	说明
void write(int c)	写入单个字符
void write(char[] cbuf,int off,int len)	写入字符数组的某一部分
void write(String s,int off,int len)	写入字符串的某一部分
void newLine()	写入一个行分隔符
void close()	关闭此流，但要先刷新它

使用 BufferedWriter 类写文本文件的步骤：

第一步：引入相关的类

import java.io.FileWriter ;
import java.io.BufferedWriter ;
import java.io.IOException;

第二步：构造一个 BufferedWriter 对象

FileWriter fw=new FileWriter("mytest.txt");
BufferedWriter bw=new BufferedWriter(fw);

第三步：利用 BufferedWriter 的方法写文本文件

```
bw.write ("hello");
```

第四步：相关流对象的清空和关闭

```
bw.flush();
fw.close();
```

例3.8 将一个字符串写入文本文件。

```java
public class Example3_7{
    public static void main(String []args){
        /**创建一个 FileWriter 对象*/
        FileWriter fw=new FileWriter("mytest.txt");
        /**创建一个 BufferedWriter 对象*/
        BufferedWriter bw=new BufferedWriter(fw);
        bw.write("大家好！");
        bw.write("我正在学习 BufferedWriter。");
        bw.newLine();
        bw.write("请多多指教！");
        bw.newLine();
        bw.write("email: study@sina.com.cn");
        bw.flush();
        fw.close();
    }
}
```

例3.9 将C盘根目录下的 setup.txt 文件内容复制到D盘根目录下的 copy.txt 文件中。

```java
public class Example3_8{
    public static void main(String []args){
        FileReader fis = new FileReader ("c:/setup.txt");
        BufferedReader dis = new BufferedReader (fis);
        FileWriter outFile = new FileWriter ("d:/copy.txt");
        BufferedWriter out = new BufferedWriter (outFile);
        String temp;
        while ( (temp = dis.read()) != -1) {
            out.write(temp);
        }
        fis.close();
        dis.close();
        outFile.close();
        out.close();
    }
}
```

【任务实施】

（1）在构造方法中添加如下代码：

```java
String currentFileName;
void saveAsFile(){
    filedialog_save=new FileDialog(this,"保存",FileDialog.SAVE);
    filedialog_save.setVisible(true);
    String dir=filedialog_save.getDirectory();
    String name=filedialog_save.getFile();
    currentFileName=dir+name;
    saveFile();

}
```

```java
    void saveFile(){
        if(currentFileName==null){
            saveAsFile();
        }else{
            File file=new File(currentFileName);
            try{
                FileWriter fw=new FileWriter(file);
                BufferedWriter out=new BufferedWriter(fw);
                out.write(t.getText());
                out.flush();
                fw.close();
            }catch(Exception eo){
                eo.printStackTrace();
            }
        }
    }
```

（2）在事件的处理方法中添加如下代码：

```java
public void actionPerformed(ActionEvent e){
if(e.getSource()==fileOpen){
    filedialog_open=new FileDialog(this,"打开文件对话框",FileDialog.LOAD);
    filedialog_open.setVisible(true);
    File file;
    String dir=filedialog_open.getDirectory();
    String name=filedialog_open.getFile();
    file=new File(dir+name);
    try{
        FileReader fr=new FileReader(file);
        BufferedReader in=new BufferedReader(fr);
        String line=in.readLine();
        String text=line+"\n";
        while(line!=null){

            text=text+line+"\n";
            line=in.readLine();
        }
            t.setText(text);
            in.close();
            fr.close();
        }catch(Exception ie){
            ie.printStackTrace();
        }
    }
    if(e.getSource()==fileSave){
        saveFile();
    }
    if(e.getSource()==fileSaveAs){
        saveAsFile();
    }
}
```

【任务小结】

通过本任务实现记事本的"打开"、"保存"和"另存为"的功能。若要读取文本文件需要掌握 java.io 包中的相关输入输出流类，通过它们的方法实现读或写。

【思考与习题】

1. File 类中的（　　）方法可以用来判断文件或目录是否存在。
   - A．exist()
   - B．exists()
   - C．fileExist()
   - D．fileExists()
2. File 类中的（　　）方法可以用来获取文件的大小。
   - A．length()
   - B．size()
   - C．getLength()
   - D．getSize()
3. 文本文件的读写过程中，需要处理以下（　　）异常。
   - A．ClassNotFoundException
   - B．IOException
   - C．SQLException
   - D．RemoteException
4. 字符流是以（　　）传输数据的。
   - A．1 个字节
   - B．8 位字符
   - C．16 位 Unicode 字符
   - D．1 比特

任务五　打包程序

【任务描述】

将"记事本"应用程序打包，可以双击运行。

【任务分析】

一个 Java 应用程序开发调试完成后，需要将其压缩成一个 JAR 文件。这样可以脱离开发平台，直接使用 Java 解释器执行这个压缩文件。

本任务的关键点：
- JAR 文件的作用。
- 如何打包 JAR 文件。

【预备知识】

1. 将应用程序压缩为 JAR 文件

假设应用程序中有两个类 A 和 B，其中 main() 方法在 A 类中。生成一个 JAR 文件的步骤如下：

（1）首先用文件编辑器（如 Windows 下的记事本）编写一个清单文件：

Mymoon.mf

Manifest-Version: 1.0

Main-Class: A

保存 Mymoon.mf 到 D:\test。需要注意的是在编写清单文件时，在"Manifest-Version:"和"1.0"之间，"Main-Class:"和主类"A"之间必须有且只有一个空格。

（2）生成 JAR 文件

在命令控制台中输入：

D:\test\jar cfm Tom.jar Mymoon.mf A.class B.class

其中参数 c 表示要生成一个新的 JAR 文件；f 表示要生成的 JAR 文件的名字；m 表示文件清单文件的名字。

（3）执行 JAR 文件

在命令控制台中输入：

java -jar tom.jar

即可运行该应用程序。

也可以将 tom.jar 文件复制到任何一个安装了 Java 运行环境的计算机上，双击该文件就可以运行该 Java 应用程序了。

注意：若计算机上安装了压缩程序 WinRAR，双击 JAR 文件，可能会打开 WinRAR 程序进行解压缩操作。解决方法：在 WinRAR 软件的设置中，取消对 JAR 扩展名的关联。

除了手动方式外，可以在 MyEclipse 中导出 JAR 包，操作步骤如下：

（1）单击"File"菜单→"Export"，如图 3-13 所示。

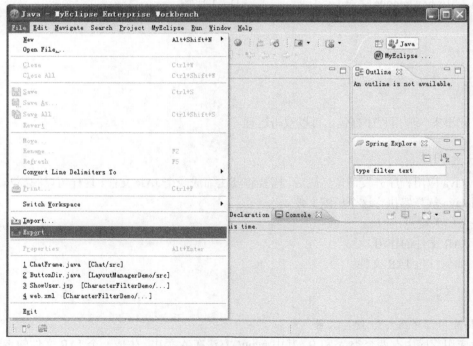

图 3-13　选择"Export"菜单命令

（2）打开"Export"窗口，如图 3-14 所示。在"Export"窗口中，选择"JAR file"类型。单击"Next"按钮。

（3）在"JAR Export"对话框中，左上部分选择需要导出的工程，右上部分显示该工程内包含的文件，如图 3-15 所示。在"JAR file"文本框后，单击"Browse"按钮，弹出如图 3-16 所示对话框。

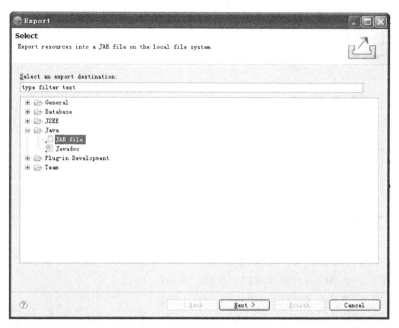

图 3-14　选择导出"JAR file"

图 3-15　选择需要导出的工程及保存路径

图 3-16　选择 JAR 文件保存路径

（4）在"另存为"对话框中，选择 JAR 文件的保存路径，并输入文件名称，扩展名为.jar。单击"保存"按钮，回到图 3-15 所示窗口，单击"Next"按钮。

（5）弹出如图 3-17 所示对话框，单击"Next"按钮。

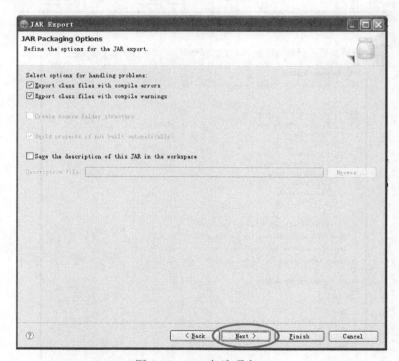

图 3-17　JAR 包选项窗口

（6）弹出如图 3-18 所示对话框，在"Main class"文本框后，单击"Browse"按钮，弹出如图 3-19 所示对话框。在该对话框中，选择本项目中 Main 方法所在的类。单击"OK"按钮。

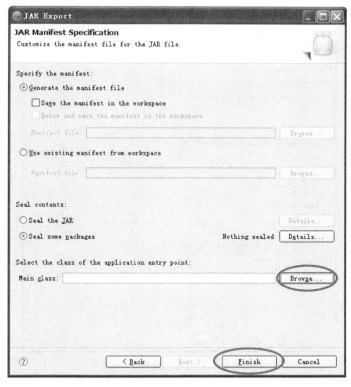

图 3-18　设置 Main class

图 3-19　选择 Main Class

（7）在"JAR Export"对话框中，在"Main class"文本框内，显示该类的名称。单击"Finish"按钮，完成导出。如图 3-20 所示。

打开所选路径 C:\，如图 3-21 所示，找到 tom.jar 文件，双击该文件，即可运行该应用程序。

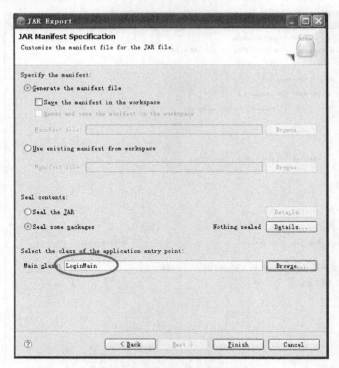

图 3-20　设置完成 Main Class

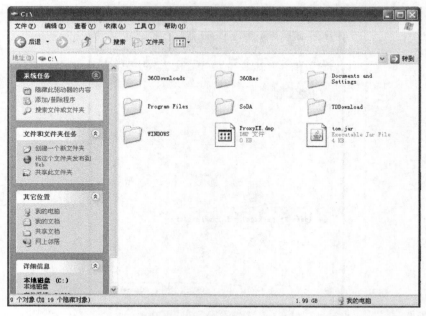

图 3-21　完成导出 JAR 文件

2. 将类压缩成 JAR 文件

可以使用 jar.exe 把一些类的字节码文件压缩成一个 JAR 文件,然后将这个 JAR 文件存放到 Java 运行环境的扩展中,即将该 JAR 文件存放在 JDK 安装目录的 jre\lib\ext 文件夹中。这样,其他的程序就可以使用这个 JAR 文件中的类来创建对象了。

（1）编写一个清单文件（Manifestfiles）

moon.mf

Manifest-Version: 3.0

Class: Test1 Test2

保存 moon.mf 到 D:\test

（2）生成 JAR 文件

D:\test\jar cfm Jerry.jar moon.mf Test1.class Test2.class

（3）导入 JAR 文件

该 JAR 文件存放在 JDK 安装目录的 jre\lib\ext 文件夹中。

也可以使用 MyEclipse 将类压缩成 JAR 文件。其过程与将工程压缩成 JAR 文件是一样的，只是不需要制定 main 方法所在的类。

【任务实施】

按照下列步骤完成"记事本"程序的压缩：

（1）首先用文件编辑器（如 Windows 下的记事本）编写一个清单文件：

MANIFEST.MF

Manifest-Version: 1.0

Main-Class: Test

保存 MANIFEST.MF 到 D:\test。

（2）生成 JAR 文件

在命令控制台中输入：

D:\test\jar cfm Editor.jar MANIFEST.MF Test.class MainFrame.class DHelp.class

（3）执行 JAR 文件

在命令控制台中输入：

java -jar Editor.jar

即可运行该应用程序，或直接双击该 JAR 包。

【任务小结】

通过该任务，了解 JAR 包的作用，掌握如何使一个开发完成的 Java 应用程序脱离开发平台，独立运行。

【思考与习题】

使用 MyEclipse 将"记事本"程序压缩成 JAR 包。

请记住以下英语单词

Menu ['menju:] 菜单 item ['aitəm] 一项，项目

bar [bɑ:] 条，块 separator ['sepə,reɪtə] 分离器

enable [i'neibl] 使能够；使可能
compare [kəm'pɛə] 相比
length [leŋθ] 长，长度；距离
split [split] （使）裂开；（使）破裂
end [end] 结束；终止
append [ə'pend] 附加；添加
select [si'lekt] 选择；挑选
action ['ækʃən] 行动，活动
position [pə'ziʃən] 方位，位置
absolute ['æbsəlju:t] 绝对的，完全的
directory [di'rektəri] 目录
exist [ig'zist] 存在，有
read [ri:d] 读；看懂，理解
close [kləuz] （使）关，关闭；终止
save [seiv] 储蓄，贮存
export [eks'pɔ:t] 出口，输出

add [æd] 加，加入；增加，添加
index ['indeks] 索引
replace [ri'pleis] 更换，替换
start [stɑ:t] 开始；出发
value ['vælju] 价值，价格
insert [in'sə:t] 插入，嵌入
listener ['lisnə] 倾听者，收听者
source [sɔ:s] 来源，出处
file [fail] 卷宗，文件
path [pɑ:θ] 小路，小径
hidden ['hɪdn] 难以发现的，隐藏的
stream [stri:m] 流，一股，一串
write [rait] 写；写信
count [kaunt] 计数，总数
load [ləud] 装载，装载量
next [nekst] 接下去；然后

项目四
成绩统计

项目目标

完成一个程序,可以实现对十个学生的学号、姓名以及数学、英语、高数三门课程成绩的存储、统计。通过该项目的开发,掌握数组及各种集合类的特性和使用方法。能够灵活使用数组及各种集合类存储或操作数据。

任务一　计算单科成绩总和及平均值

【任务描述】

完成一个程序,将十个人的英语成绩的和及平均值打印到控制台。

【任务分析】

英语成绩可以用数值型数据类型描述,如整型、浮点型等。十个人的英语成绩可以用 10 个数据类型相同的变量存储,但是这样在求和或求平均值时,操作较复杂。可以使用数组来实现该功能。

本任务的关键点:
- 数组的定义及初始化。
- 数组的使用和访问。

【预备知识】

数组是相同类型的数据按顺序组成的一种复合数据类型。将相同数据类型的数据存储在连续的存储单元中。可以通过指定数组的名称和大小来声明数组。数组的大小一旦声明,就不能再修改。数组中的数据可以是原始数据类型,也可以是一个对象。

通过数组名加数组下标来使用数组中的数据,数组中第一个元素的下标从 0 开始。

一维数组的声明方式:

数据类型　数组名[];　或　数据类型　[]数组名;

以上两种声明方式都可以，都不能指定其长度（数组中元素的个数）。

例：int num[];　　char ch[];　　String []args;

Java 中使用关键字 new 创建数组对象，这种方式可以指定元素个数，格式为：

数据类型 数组名 = new 数据元素的类型 [数据元素的个数]

例如：byte b=new byte[10];

还可以将声明、创建和初始化操作一次性完成，格式为：

数据类型 数组名={值 1,值 2,…,值 n};

例如：char ch[]={'a', 'b', 'c', 'd'};

例 4.1 声明一个数组，存储十个整数，并将它们相加。

```
public class Example4_1{
    public static void main(String [] args){
        int num[]=new int[10];
        num[0]=1;
        num[1]=2;
        num[2]=3;
        num[3]=4;
        num[4]=5;
        num[5]=6;
        num[6]=7;
        num[7]=8;
        num[8]=9;
        num[9]=10;
        int len=num.length;
        int sum=0;
        System.out.println("数组的长度为："+num.len);
        for(int i=0;i<num.len;i++){
            sum=sum+num[i];
        }
        System.out.println("数组数值之和"+sum);
    }
}
```

【任务实施】

十个人的英语成绩，都是同样的数据类型，可以使用 float 类型存储。英语成绩可以通过控制台输入，使用 main 方法的参数获得数据，但是数据类型不同，需要将字符串类型转化成 float 类型。

```
public class ArrayDemo{
    public static void main(String [] args){
        float arr[]=new float[10];
        float sum=0;avaerge=0;
        for(int i=0;i<10;i++){
            arr[i]=Float.parseFloat(args[i]);
            sum=sum+arr[i];
        }
        average=sum/arr.length;
        System.out.println("成绩之和为"+sum);
        System.out.println("平均成绩为"+average);
    }
}
```

【任务小结】

通过本任务，掌握数组的声明、初始化、赋值及访问的方法。能够使用数组对单一数据类型进行存储和访问。

【思考与习题】

1. 执行完代码 int[] x = new int[25];后，下列选项说明正确的是（　　）。
   A．x[24]为 0
   B．x[24]未定义
   C．x[25]为 0
   D．x[0]为空
2. 下列数组初始化形式正确的是（　　）。
   A．int t1[][]={{1,2},{3,4},{5,6}};
   B．int t2[][]={1,2,3,4,5,6};
   C．int t3[3][2]={1,2,3,4,5,6};
   D．int t4[][]; t4={1,2,3,4,5,6};
3. Java 应用程序的 main 方法中有以下语句，则输出的结果是（　　）。
```
int[] x={2,3,-8,7,9};
int max=x[0];
for(int i=1;i<x.length;i++){
if(x[i]>max)
max=x[i];
}
System.out.println(max);
```
   A．2
   B．-8
   C．7
   D．9
4. 将十个同学的英语成绩按照从高到低的顺序排列，并打印出来。

任务二　存储对象

【任务描述】

存储十个学生的学号、姓名、电话、住址和英语成绩，并对其进行访问。

【任务分析】

使用面向对象的思想分析，可以将每个学生看成一个对象，学号、姓名、电话、住址和英语成绩都是学生的属性。十个学生就是十个学生对象，可以将学生看为一个学生类。需要一种数据结构存储对象，将十个学生对象存储起来并能够访问。

本任务的关键点：
- 常用 List 接口的实现类的使用。
- 各种不同集合类的特点。

【预备知识】

如果需要处理一些类型相同的数据，人们习惯上使用数组这种数据结构，但数组在使用之前必须定义大小，而且不能动态定义大小。有时可能分配给数组太多的单元而浪费了宝贵的内存资源，更麻烦的是，程序运行时需要处理的数据可能多于数组的单元。有时需要处理的数据可能有多种不同数据类型，例如学生的学号，姓名，课程，分数，这时需要使用集合类完成数据的处理。

Java 集合类可以分为 Collection、Set、List、Map 四大体系。

- Collection——对象之间没有指定的顺序，允许重复元素。
- Set——对象之间没有指定的顺序，不允许重复元素。
- List——对象之间有指定的顺序，允许重复元素，并引入位置下标。
- Map——用于保存关键字（Key）和数值（Value）的集合，集合中的每个对象加入时都提供数值和关键字。Map 接口既不继承 Set 也不继承 Collection。

List、Set、Map 共同的实现基础是 Object 数组。

除了四个历史集合类外，Java 2 框架还引入了六个集合实现，如表 4.1 所示。

表 4.1 集合分类

接口	实现	历史集合
Set	HashSet	
	TreeSet	
List	ArrayList	Vector
	LinkedList	Stack
Map	HashMap	Hashtable
	TreeMap	Properties

下面介绍一些常用的集合类，如果需要更深入了解以上的集合类，可以参考 Java API 文档。

1. Collection

Collection 接口用于表示任何对象或元素组。要尽可能以常规方式处理一组元素时，就使用这一接口。Collection 是 List 和 Set 的父类，并且它本身也是一个接口。它定义了作为集合所应该拥有的一些方法。Collection 接口支持如添加和删除等基本操作。设法删除一个元素时，如果这个元素存在，删去的仅仅是集合中此元素的一个实例。

Collection 接口中定义的一些常用方法如表 4.2 所示。

表 4.2 Collection 接口中定义的常用方法

boolean add(Object element)	向集合中添加一个对象
boolean remove(Object element)	移除集合中的指定元素的单个实例
int size()	返回此 collection 中的元素数
boolean isEmpty()	如果此 collection 不包含元素，则返回 true
boolean contains(Object element)	如果此 collection 包含指定的元素，则返回 true
Iterator iterator()	返回在此 collection 的元素上进行迭代的迭代器
boolean containsAll(Collection collection)	如果此 collection 包含指定 collection 中的所有元素，则返回 true
boolean addAll(Collection collection)	将指定 collection 中的所有元素都添加到此 collection 中

续表

方法	说明
void clear()	移除此 collection 中的所有元素
void removeAll(Collection collection)	移除此 collection 中那些也包含在指定 collection 中的所有元素
void retainAll(Collection collection)	仅保留此 collection 中那些也包含在指定 collection 的元素。换句话说，移除此 collection 中未包含在指定 collection 中的所有元

注意：集合必须只有对象，集合中的元素不能是基本数据类型。

例 4.2 集合类 Collection 的基本用法。

```java
import java.util.*;
public class Example4_2 {
    public static void main(String[] args) {
        Collection collection1=new ArrayList();//创建一个集合对象
        collection1.add("000");//添加对象到 Collection 集合中
        collection1.add("111");
        collection1.add("222");
        System.out.println("集合 collection1 的大小："+collection1.size());
        System.out.println("集合 collection1 的内容："+collection1);
        collection1.remove("000");//从集合 collection1 中移除掉 "000" 这个对象
        System.out.println("集合 collection1 移除 000 后的内容："+collection1);
        System.out.println("集合 collection1 中是否包含 000 ："+collection1.contains("000"));
        System.out.println("集合 collection1 中是否包含 111 ："+collection1.contains("111"));
        Collection collection2=new ArrayList();
        collection2.addAll(collection1);//将 collection1 集合中的元素全部都加到 collection2 中
        System.out.println("集合 collection2 的内容："+collection2);
        collection2.clear();//清空集合 collection1 中的元素
        System.out.println("集合 collection2 是否为空 ："+collection2.isEmpty());
        //将集合 collection1 转化为数组
        Object s[]= collection1.toArray();
        for(int i=0;i<s.length;i++){
            System.out.println(s[i]);
        }
    }
}
```

2. List

List 是容器的一种，表示列表。当不知道存储的数据有多少的情况下，就可以使用 List 来完成存储数据的工作。例如，想要保存一个应用系统当前在线用户的信息，就可以使用一个 List 来存储。因为 List 最大的特点就是能够自动根据插入的数据量来动态改变容器的大小。List 接口中定义的一些常用方法如表 4.3 所示。

表 4.3 List 接口中定义的方法

方法	说明
void add(int index, Object element)	添加对象 element 到位置 index 上
boolean addAll(int index, Collection collection)	在 index 位置后添加容器 collection 中所有的元素
Object get(int index)	取出下标为 index 的位置的元素
int indexOf(Object element)	查找对象 element 在 List 中第一次出现的位置

续表

方法	说明
int lastIndexOf(Object element)	查找对象 element 在 List 中最后出现的位置
Object remove(int index)	删除 index 位置上的元素
Object set(int index, Object element)	将 index 位置上的对象替换为 element 并返回被替换的元素

List 面向位置的操作包括插入某个元素、获取、删除或更改元素的功能。在 List 中搜索元素可以从列表的头部或尾部开始，如果找到元素，还将报告元素所在的位置。

在"集合框架"中有两种常规的 List 实现：ArrayList 和 LinkedList。使用两种 List 实现取决于特定的需要。如果要支持随机访问，而不必在除尾部以外的任何位置插入或删除元素，那么，ArrayList 提供了可选的集合。但如果要频繁地从列表的中间位置添加和删除元素，且只能顺序地访问列表元素，那么，LinkedList 实现更好。表 4.4 对 ArrayList 和 LinkedList 进行了详细的比较说明。

表 4.4 ArrayList 和 LinkedList 的比较

	简述	实现	操作特性	成员要求
List	提供基于索引的对成员的随机访问	ArrayList	提供快速的基于索引的成员访问，对尾部成员的增加和删除支持较好	成员可以为任意 Object 子类的对象
		LinkedList	对列表中任何位置的成员的增加和删除支持较好，但对基于索引的成员访问支持性较差	成员可以为任意 Object 子类的对象

例 4.3 把 12 个月份存放到 ArrayList 中，然后用一个循环，并使用 get()方法将列表中的对象都取出来。

```
import java.util.*;
public class Example4_3{
    public static void main(String args[]) {
        ArrayLiat month=new ArrayList();
        for(int i=0;i<=12;i++){
            String s=new String(i+"月");
            month.add(s);
            System.out.println(month.get(i));
        }
    }
}
```

而 LinkedList 添加了一些处理列表两端元素的方法，见表 4.5。

表 4.5 LinkedList 的方法

方法	说明
void addFirst(Object o)	将给定对象添加到链表的开始处
void addLast(Object o)	将给定对象添加到链表的结尾处
Object getFirst()	检索链表中的第一个元素
Object getLast()	检索链表中的最后一个元素
Object removeFirst()	删除链表中的第一个元素
Object removeLast()	删除链表中的最后一个元素

使用这些方法，就可以把 LinkedList 当作一个堆栈、队列或其他面向端点的数据结构。

例 4.4 创建一个 LinkedList 对象，向其中添加一些字符串对象，并删除末尾的对象。

```java
import java.util.*;
public class Example4_4 {
    public static void main(String args[]) {
        LinkedList queue = new LinkedList();
        queue.addFirst("Bernadine");
        queue.addFirst("Elizabeth");
        queue.addFirst("Gene");
        queue.addFirst("Elizabeth");
        queue.addFirst("Clara");
        System.out.println(queue);
        queue.removeLast();
        queue.removeLast();
        System.out.println(queue);
    }
}
```

除了 ArrayList 类和 LinkedList 类实现了 List 接口外，Vector 类也实现了 List 接口，并且 Vector 的操作更加灵活。

Vector 类位于 java.util 包中，是一个具有与数组类似的数据结构，此结构是动态的，可以存储对象。创建一个 Vector 类的对象之后，可以往其中随意插入不用的类的对象，既不需要顾及类型也不需要预先选定 Vector 的容量，并可以方便地进行查找。对于预先不知或不愿预先定义数组大小，并需要频繁进行查找、插入和删除操作的情况，可以考虑使用 Vector 类。

Vector 类的构造方法见表 4.6。

表 4.6 Vector 类的构造方法

构造方法	说明
Vector()	创建一个 Vector 对象，其初始容量为 10，容量增量为 0
Vector(int initialCap)	创建一个 Vector 对象，参数为初始容量
Vecotr(int initialcapacity,int vapacityIncrement)	创建一个 Vector 对象，第一个参数为初始容量，第二个参数为容量增量

Vector 类的常用方法见表 4.7。

表 4.7 Vector 类的常用方法

方法	说明
void addElement(Object o)	将指定元素插入 Vector 对象的末尾
int capacity()	返回 Vector 对象的元素数或容量
boolean contains(Object o)	如果 Vector 对象包含元素，返回 true
void copyInto(Object []arr)	将 Vector 元素复制到指定数组
Object firstElement()	返回 Vector 对象中的第一个元素
int indexOf(Object objelm)	返回第一个匹配元素的索引
Object elementAt(int index)	检索指定索引处的元素
Object lastElement()	返回最后一个元素

续表

方法	说明
void removeAllElement()	删除 Vector 对象中的所有元素
void setElementAt(Object obj,int index)	使用指定对象替换位于指定索引处的对象
void insertElementAt(Object obj,int index)	将元素添加到指定的索引位置
String toString()	返回 Vector 内容的格式化字符串
void setSize(int size)	根据 size 设置 Vector 大小

注意：Vector 中存储对象，不允许存储基本数据类型。若要存储数字，可将其转换为包装类后再放入 Vector 中。

例 4.5 以下程序演示了 Vector 类的用法，将输入的字符串对象添加到 Vector 对象中，倒序将字符串从 Vector 对象中提取并显示，将每个字符串按降序排列并显示。

```java
import java.util.Vector;
public class VectorLine {
    //声明 Vector 对象
    Vector lineObj;
    //构造方法初始化 Vector 对象
    VectorLine() {
        lineObj = new Vector();
    }

    //将值添加到 Vector 对象
    void add(final String [] input) {
        for (int ctr = 0; ctr < input.length; ctr++) {
            lineObj.addElement(input[ctr]);
        }
    }
    //反转并显示 Vector 对象的值.*/
    void reverse() {
        System.out.println("倒序显示的内容");
        for (int ctr = lineObj.size() - 1; ctr >= 0; ctr--) {
            System.out.println(lineObj.elementAt(ctr));
        }
    }
    //倒序存储值
    void sort() {
        System.out.println("按降序分类的内容");
        while (lineObj.size() != 0) {
            String displayLine = (String) (lineObj.elementAt(0));
            int linenumber = 0;
            for (int ctr = 1; ctr < lineObj.size(); ctr++) {
                if (
                ((String) lineObj.elementAt(ctr)).compareTo(displayLine) > 0) {
                    displayLine = (String) lineObj.elementAt(ctr);
                    linenumber = ctr;
                }
            }
            System.out.println(displayLine);
            lineObj.remove(linenumber);
        }
```

```
        }
    }

    //测试 VectorLine 这个程序
    public class VectorLineTest {
        //构造方法
         protected VectorLineTest() {
        }
        //这是 main 方法，任何应用程序的入口点
        public static void main(String[] args) {
            VectorLine vectorLineObj = new VectorLine();
            vectorLineObj.add(args);
            vectorLineObj.reverse();
            vectorLineObj.sort();
        }
    }
```

3. Map

数学中的映射关系在 Java 中是通过 Map 来实现的。它表示其中存储的元素是一个对（pair），通过一个对象，可以在这个映射关系中找到另外一个和这个对象相关的东西。

根据账户名得到对应的人员的信息，就属于这种情况的应用。一个人员的账户名和这个人员的信息作了一个映射关系，也就是说，把账户名和人员信息当成了一个"键值对"，"键"就是账户名，"值"就是人员信息。

Map 接口不是 Collection 接口的继承，而是从自己的用于维护键值关联的接口层次结构入手。按定义，该接口描述了从不重复的键到值的映射。Map 允许从映射中添加和除去键值对。键和值都可以为 null。但是，不能把 Map 作为一个键或值添加给自身。表 4.8 介绍了 Map 接口中定义的方法。

表 4.8 Map 接口中定义的方法

方法	说明
Object put(Object key,Object value)	用来存放一个键-值对到 Map 中
Object remove(Object key)	根据 key（键），移除一个键-值对，并将值返回
void putAll(Map mapping)	将另外一个 Map 中的元素存入当前的 Map 中
void clear()	清空当前 Map 中的元素
Object get(Object key)	根据 key（键）取得对应的值
boolean containsKey(Object key)	判断 Map 中是否存在某键（key）
boolean containsValue(Object value)	判断 Map 中是否存在某值（value）
int size()	返回 Map 中 键-值对的个数
boolean isEmpty()	判断当前 Map 是否为空
Set keySet()	返回所有的键（key），并使用 Set 容器存放
Collection values()	返回所有的值（value），并使用 Collection 存放
Set entrySet()	返回一个实现 Map.Entry 接口的元素 Set

Map 常用实现类的比较见表 4.9。

表 4.9　常用 Map 实现类的比较

	简述	实现	操作特性	成员要求
Map	保存键值对成员，基于键找值操作，使用 compareTo 或 compare 方法对键进行排序	HashMap	能满足用户对 Map 的通用需求	键成员可为任意 Object 子类的对象，但如果覆盖了 equals 方法，同时注意修改 hashCode 方法
		TreeMap	支持对键有序地遍历，使用时建议先用 HashMap 增加和删除成员，最后从 HashMap 生成 TreeMap，附加实现 SortedMap 接口，支持子 Map 等要求顺序的操作	键成员要求实现 Comparable 接口，或使用 Comparator 构造 TreeMap 键成员一般为同类型
		LinkedHashMap	保留键的插入顺序，用 equals 方法检查键和值的相等性	成员可为任意 Object 子类的对象，但如果覆盖了 equals 方法，同时注意修改 hashCode 方法

（1）HashMap 类

HashMap 类实现 Map 接口，它允许任何类型的键和值对象，并允许将 null 用作键或值。HashMap 不能保证其元素的顺序。表 4.10 列出了 HashMap 的几种构造方法：

表 4.10　HashMap 类的构造方法

构造方法	说明
HashMap()	创建一个默认的 HashMap 对象
HashMap(int size)	创建一个具有 size 指定容量和默认负载系数的 HashMap 对象
HashMap(int size,float load)	创建一个具有 size 指定容量和 load 指定负载系数的 HashMap 对象

它自身没有任何方法，只能继承父类的属性。HashMap 对象使用 put 方法来存放键值对象，使用 get 方法来获取键的值。使用 HashMap 的主要优点是它允许 null 值。

例 4.6　创建一个 HashMap，并使用 Map 接口中的各个方法。

```
import java.util.*;
public class MapTest {
    public static void main(String[] args) {
        Map map1 = new HashMap();
        Map map2 = new HashMap();
        map1.put("1","aaa1");
        map1.put("2","bbb2");
        map2.put("10","aaaa10");
        map2.put("11","bbbb11");
        //根据键 "1" 取得值："aaa1"
        System.out.println("map1.get(\"1\")="+map1.get("1"));
        // 根据键 "1" 移除键值对"1"-"aaa1"
        System.out.println("map1.remove(\"1\")="+map1.remove("1"));
        System.out.println("map1.get(\"1\")="+map1.get("1"));
        map1.putAll(map2);//将 map2 全部元素放入 map1 中
        map2.clear();//清空 map2
```

```java
        System.out.println("map1 IsEmpty?="+map1.isEmpty());
        System.out.println("map2 IsEmpty?="+map2.isEmpty());
        System.out.println("map1 中的键值对的个数 size = "+map1.size());
        System.out.println("KeySet="+map1.keySet());//set
        System.out.println("values="+map1.values());//Collection
        System.out.println("entrySet="+map1.entrySet());
        System.out.println("map1 是否包含键：11 = "+map1.containsKey("11"));
        System.out.println("map1 是否包含值：aaa1 = "+map1.containsValue("aaa1"));
    }
}
```

（2）TreeMap 类

TreeMap 类实现了 Map 接口，称 TreeMap 对象为树映射。树映射仍然使用键值的方式存储元素对象。使用 put 方法添加节点，该节点不仅存储数据 value，而且也存储与其关联的关键字 key。数映射保证节点是按照节点中的关键字升序排列的。

例 4.7　使用 Map 进行排序。

```java
import java.util.*;
public class MapSortExample {
    public static void main(String args[]) {
        Map map1 = new HashMap();
        Map map2 = new LinkedHashMap();
        for(int i=0;i<10;i++){
            double s=Math.random()*100;//产生一个随机数，并将其放入 Map 中
            map1.put(new Integer((int) s),"第 "+i+" 个放入的元素："+s+"\n");
            map2.put(new Integer((int) s),"第 "+i+" 个放入的元素："+s+"\n");
        }

        System.out.println("未排序前 HashMap："+map1);
        System.out.println("未排序前 LinkedHashMap："+map2);
        //使用 TreeMap 来对另外的 Map 进行重构和排序
        Map sortedMap = new TreeMap(map1);
        System.out.println("排序后："+sortedMap);
        System.out.println("排序后："+new TreeMap(map2));
    }
}
```

从运行结果可以看出，HashMap 的存入顺序和输出顺序无关。LinkedHashMap 是保留了键值对的存入顺序。TreeMap 则是对 Map 中的元素进行排序。在实际的使用中也经常这样做：使用 HashMap 或者 LinkedHashMap 来存放元素，当所有的元素都存放完成后，如果需要使用一个经过排序的 Map，需使用 TreeMap 来重构原来的 Map 对象。这样做的好处是：因为 HashMap 和 LinkedHashMap 存储数据的速度比直接使用 TreeMap 快，存取效率高。当完成了所有元素的存放后，再对整个 Map 中的元素进行排序。这样可以提高整个程序的运行效率，缩短执行时间。

4．Set

Java 中的 Set 正好和数学上直观的集（set）的概念相同。Set 最大的特性就是不允许其中存放的元素是重复的。根据这个特点，可以使用 Set 这个接口来实现关于商品种类的存储需求。Set 可以被用来过滤在其他集合中存放的元素，从而得到一个没有包含重复的新的集合。

按照定义，Set 接口继承 Collection 接口，而且它不允许集合中存在重复项。所有原始方法都是现成的，没有引入新方法。

Set 接口中定义的方法见表 4.11。

表 4.11 Set 接口中定义的方法

方法	说明
public int size()	返回 set 中元素的数目，如果 set 包含的元素数大于 Integer.MAX_VALUE，返回 Integer.MAX_VALUE
public boolean isEmpty()	如果 set 中不含元素，返回 true
public boolean contains(Object o)	如果 set 包含指定元素，返回 true
public Object[] toArray()	返回包含 set 中所有元素的数组
public Object[] toArray(Object[] a)	返回包含 set 中所有元素的数组，返回数组的运行时类型是指定数组的运行时类型
public boolean add(Object o)	如果 set 中不存在指定元素，则向 set 加入
public boolean remove(Object o)	如果 set 中存在指定元素，则从 set 中删除
public boolean removeAll(Collection c)	如果 set 包含指定集合，则从 set 中删除指定集合的所有元素
public boolean containsAll(Collection c)	如果 set 包含指定集合的所有元素，返回 true。如果指定集合也是一个 set，只有是当前 set 的子集时，方法返回 true
public boolean addAll(Collection c)	如果 set 中不存在指定集合的元素，则向 set 中加入所有元素
public boolean retainAll(Collection c)	只保留 set 中所含的指定集合的元素（可选操作）。换言之，从 set 中删除所有指定集合不包含的元素。如果指定集合也是一个 set，那么该操作修改 set 的效果使它的值为两个 set 的交集
public boolean removeAll(Collection c)	如果 set 包含指定集合，则从 set 中删除指定集合的所有元素
public void clear()	从 set 中删除所有元素

Set 接口有两种普通的实现：HashSet 和 TreeSet。其常用实现类的比较见表 4.12。

表 4.12 Set 接口的实现类的比较

	简述	实现	操作特性	成员要求
Set	成员不能重复	HashSet	外部无序地遍历成员	成员可为任意 Object 子类的对象，但如果覆盖了 equals 方法，同时注意修改 hashCode 方法
		TreeSet	外部有序地遍历成员	成员要求实现 Comparable 接口，或者使用 Comparator 构造 TreeSet。成员一般为同一类型。

TreeSet 类是实现 Set 接口的类，它的大部分方法都是接口方法的实现，TreeSet 类创建的对象称为树集。树集是由一些节点组成的数据结构，节点按着树形一层一层地排列，如图 4-1 所示。

TreeSet 适合用于数据的排序，节点是按照存储对象的大小升序排列。

例 4.8　使用 TreeSet，按照英语成绩从低到高存放 4 个 Student 对象。

```
import java.util.*;import java.awt.*;
class Student implements Comparable
{   int english=0;
    String name;
    Student(int english,String name)
    {   this.name=name;
```

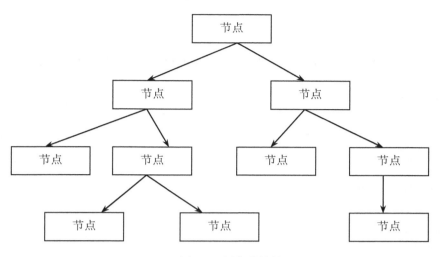

图 4-1 树集的结构

```
            this.english=english;
        }
    public int compareTo(Object b)
        {   Student st=(Student)b;
            return (this.english-st.english);
        }
}
public class Example4_8
{ public static void main(String args[])
    {   TreeSet mytree=new TreeSet(new Comparator()
        {   public int compare(Object a,Object b)
            {   Student stu1=(Student)a;
                Student stu2=(Student)b;
                return stu1.compareTo(stu2);
            }
        });
        Student st1,st2,st3,st4;
        st1=new Student(90,"赵一");
        st2=new Student(66,"钱二");
        st3=new Student(86,"孙三");
        st4=new Student(76,"李四");
        mytree.add(st1);
        mytree.add(st2);
        mytree.add(st3);
        mytree.add(st4);
        Iterator te=mytree.iterator();
        while(te.hasNext())
            {   Student stu=(Student)te.next();
                System.out.println(""+stu.name+" "+stu.english);
            }
    }
}
```

【任务实施】

（1）创建学生对象 Student，学号、姓名、电话、住址和英语成绩为私有属性，为每个属性设置读写方法。

```java
public class Student{
    private int stuNo;
    private String stuName;
    private String phone;
    private String address;
    private float scroe;
    public void setStuNo(int stuNo){
        this.stuNo=stuNo;
    }
    public int getStuNo(){
        return stuNo;
    }
    public void setStuName(String stuName){
        this.stuName=stuName;
    }
    public String getStuName(){
        return stuName;
    }
    public void setPhone(String phone){
        this.phone=phone;
    }
    public String getPhone(){
        return phone;
    }
    public void setAddress(String address){
        this.address=address;
    }
    public String getAddress(){
        return address;
    }
    public void setScroe(float scroe){
        this.score=score;
    }
    public float getScroe(){
        return score;
    }
}
```

（2）创建 Vector，实现存储学生对象并通过索引号访问对象。

```java
public class StudentVector{
    Vector v;
    StudentVector(){
        v=new Vector();
    }
    public void addStuObject(Student s){
        v.addElement(s);
    }
    public Student getStuObject(int index){
        Student s=(Student)v.elementAt(index);
```

```
        return s;
    }
}
```

（3）使用 Vector 存储学生及访问学生对象。
```
public class VectorTest{
    public static void main(String []args){
        Student s1=new Student();
        s1.setStuNo(1);
        s1.setStuName("徐辉");
        s1.setPhone("82712345");
        s1.setAddress("成都市武侯区");
        s1.setScore(82.5f);

        Student s2=new Student();
        s2.setStuNo(2);
        s2.setStuName("王涛");
        s2.setPhone("82756743");
        s2.setAddress("成都市锦江区");
        s2.setScore(68.0f);

        Student s3=new Student();
        s3.setStuNo(3);
        s3.setStuName("李东旭");
        s3.setPhone("82754536");
        s3.setAddress("成都市温江区");
        s3.setScore(73.5f);

        StudentVector sv=new StudentVector();
        sv.addStuObject(s1);
        sv.addStuObject(s2);
        sv.addStuObject(s3);
        System.out.println("添加成功");

        Student ss=sv.getStuObject(0);
        System.out.println("第一个学生对象的姓名是："+ss.getStuName());

        for(int i=0;i<sv.capacity();i++){
            Student stuObject=sv.getStuObject(i);
            System.out.println(" 第 "+i+" 个学生对象的姓名是 "+stuObject.getStuName()+","该同学的英语成绩为 "+stuObject.getScore());
        }
    }
}
```

【任务小结】

通过对学生对象的存储，掌握各种集合类的特性及常用方法，掌握数据的存储和访问方法。

【思考与习题】

1．（　　）用于创建动态数组。

  A．ArrayList　　　　　　　　B．HashMap

  C．LinkedList　　　　　　　　D．Hashtable

2．向 ArrayList 对象里添加一个元素的方法是（　　）。

  A．set(Object o)　　　　　　　　B．add(Object o)
  C．setObject(Object o)　　　　　D．addObject(Object o)

3．（　　）类可用于创建链表数据结构的对象。

  A．ArrayList　　B．HashMap　　C．Hashtable　　D．LinkedList

4．（　　）对象可以用键值的形式保存数据。

  A．LinkedList　　B．ArrayList　　C．Collection　　D．HashMap

任务三　学生成绩管理器

【任务描述】

完成"学生成绩管理器"的设计，能够实现学生成绩的添加、删除、修改并对上一条、下一条记录进行查看。

【任务分析】

学生成绩的管理主要分为两种：成绩管理和成绩查看。在界面上除了常用的文本框、标签、按钮之外，还需要一些其他的组件使界面更人性化，易于使用。

本任务的关键点：

- 选择框、下拉列表框、滚动列表等组件的使用。
- 图形界面的设计。

【预备知识】

1．选择框

选择框有两种，一种是单选框，一种是复选框。单选框在多个可选对象中只能选择一个对象；复选框可以在多个可选对象中选择多个。选择框有两种状态，一种是选中，一种是未选中。Java 中使用 java.awt 包中的 Checkbox 类来建立选择框。

Checkbox 类的构造方法见表 4.13。

表 4.13　Checkbox 的构造方法

构造方法	说明
Checkbox()	使用空字符串标签创建一个复选框
Checkbox(String label)	使用指定标签创建一个复选框
Checkbox(String label,boolean state)	使用指定标签创建一个复选框，并将它设置为指定状态
Checkbox(String label, boolean state,CheckboxGroup group)	构造具有指定标签的复选框，并将它设置为指定状态，使它处于指定复选框组中
Checkbox(String label, checkboxGroup group, boolean state)	创建具有指定标签的复选框，并使它处于指定复选框组内，将它设置为指定状态

Checkbox 类的常用方法见表 4.14。

表 4.14　Checkbox 的常用方法

常用方法	说明
public void addItemListener(ItemListener l)	添加指定的项监听器,以接收来自此复选框的项事件
public Object[] getSelectedObjects()	返回包含复选框标签的数组（length 1），如果没有选定复选框，则返回 null
public boolean getState()	确定此复选框是处于"开"状态,还是处于"关"状态
public void removeItemListener(ItemListener l)	移除此项监听器,这样项侦听器将不再接收发自此复选框的项事件
public void setCheckboxGroup(CheckboxGroup g)	将此复选框的组设置为指定复选框组
public void setLabel(String label)	将此复选框的标签设置为字符串参数
public void setState(boolean state)	将此复选框的状态设置为指定状态

可以在选择框上添加了 ItemListener 监听器,当选择框从"未选中"状态变成"选中"状态或从"选中"状态变成"未选中"状态时就触发了 ItemEvent 事件,即 ItemEvent 类将自动创建一个事件对象。处理 ItemEvent 事件的接口是 ItemListener,创建监听器的类必须实现 ItemListener 接口,该接口中只有一个方法,当选择框发生 ItemEvent 事件时,监视器将自动调用接口方法: itemStateChanged(ItemEvent e)对发生的事件进行处理。

除了可以使用 getSource()方法返回 ItemEvent 事件的事件源之外,ItemEvent 还提供了 getItemSelectable()方法,该方法也可返回 ItemEvent 事件的事件源。

例 4.9　在面板 1 上添加两个单选框,在面板 2 上添加两个复选框,将两个面板添加到窗口上,用户对单选框或复选框进行选择后,将结果显示在文本框中。

```
import java.awt.*;
import java.awt.event.*;
//在面板 1 中添加两个单选框,将选择结果显示到文本框中
class Mypanel1 extends Panel implements ItemListener
{   Checkbox box1,box2;
    CheckboxGroup sex;
    TextArea text;
    Mypanel1(TextArea text)
    {   this.text=text;
        sex=new CheckboxGroup();
        box1=new Checkbox("男",true,sex);
        box2=new Checkbox("女",false,sex);
        box1.addItemListener(this);
        box2.addItemListener(this);
        add(box1);
        add(box2);
    }
    public void itemStateChanged(ItemEvent e)
      { Checkbox box=(Checkbox)e.getSource();
        if(box.getState())
          {  int n=text.getCaretPosition();
             text.insert(box.getLabel(),n);
          }
      }
}
```

```java
//在面板2中添加两个复选框,将选择结果显示到文本框中
class Mypanel2 extends Panel implements ItemListener
{   Checkbox box1,box2;
    TextArea text;
    Mypanel2(TextArea text)
    {   this.text=text;
        box1=new Checkbox("张三");
        box2=new Checkbox("李四");
        box1.addItemListener(this);
        box2.addItemListener(this);
        add(box1);
        add(box2);
    }
    public void itemStateChanged(ItemEvent e)
      { Checkbox box=(Checkbox)e.getItemSelectable();
        if(box.getState())
          {  int n=text.getCaretPosition();
             text.insert(box.getLabel(),n);
          }
      }
}
//将两个面板添加到窗口上,设置布局方式
class WindowBox extends Frame
{   Mypanel1 panel1;
    Mypanel2 panel2;
    TextArea text;
    WindowBox()
    {   text=new TextArea();
        panel1=new Mypanel1(text);
        panel2=new Mypanel2(text);
        add(panel1,BorderLayout.SOUTH);
        add(panel2,BorderLayout.NORTH);
        add(text,BorderLayout.CENTER);
        setSize(200,200);
        setVisible(true);
        validate();
    }
}
//显示窗口
public class Example4_9
{   public static void main(String args[])
    {   new WindowBox();
    }
}
```

2. 下拉列表框

Choice 类创建的对象称为下拉列表框,可以看到下拉列表的第一个选项和它旁边的箭头按钮,当用户单击箭头按钮时,选项列表打开。

Choice 类的构造方法见表4.15。

表 4.15 Choice 类的构造方法

构造方法	说明
Choice()	创建一个新的下拉列表框

Choice 类的常用方法见表 4.16。

表 4.16　Choice 类的常用方法

方法	说明
public void add(String item)	将一个项添加到此 Choice 菜单中
public void addItemListener(ItemListener l)	添加指定的项侦听器，以接收发自此 Choice 菜单的项事件
public String getItem(int index)	获取此 Choice 菜单中指定索引上的字符串
public int getItemCount()	返回此 Choice 菜单中项的数量
public int getSelectedIndex()	返回当前选定项的索引。如果没有选定任何内容，则返回-1
public String getSelectedItem()	获取当前选择的字符串表示形式
public void insert(String item,int index)	将菜单项插入此选择的指定位置上
public void remove(int position)	从选择菜单的指定位置上移除一个项
public void remove(String item)	移除 Choice 菜单中第一个出现的 item
public void select(int pos)	将此 Choice 菜单中的选定项设置为指定位置上的项
public void select(String str)	将此 Choice 菜单中的选定项设置为其名称等于指定字符串的项

当下拉列表获得监听器之后，用户在下拉列表选项列表中选中某个选项时就触发 ItemEvent 事件，ItemEvent 类将自动创建一个事件对象。

例 4.10　在文本框中输入数据并添加到下拉列表框中，或者单击按钮删除某个选项，当选择下拉列表框中的某个选项时，将其显示到文本区域中。

```java
import java.awt.*;
import java.awt.event.*;
class WindowChoice extends Frame implements ItemListener,ActionListener
{   Choice choice;
    TextField text;
    TextArea area;
    Button add,del;
    WindowChoice()
    {   setLayout(new FlowLayout());
        choice=new Choice();
        text=new TextField(8);
        area=new TextArea(6,25);
        choice.add("新闻");
        choice.add("娱乐");
        choice.add("游戏");
        choice.add("体育");
        add=new Button("添加");
        del=new Button("删除");
        add.addActionListener(this);
        text.addActionListener(this);
        del.addActionListener(this);
        choice.addItemListener(this);
        add(choice);
        add(del);
        add(text);
        add(add);
        add(area);
```

```
            setSize(200,200);
            setVisible(true);
            validate();
        }
        public void itemStateChanged(ItemEvent e)
        {   String name=choice.getSelectedItem();
            int index=choice.getSelectedIndex();
            area.setText("\n"+index+":"+name);
        }
        public void actionPerformed(ActionEvent e)
        {   if(e.getSource()==add||e.getSource()==text)
              {  String name=text.getText();
                 if(name.length()>0)
                    {  choice.add(name);
                       choice.select(name);
                       area.append("\n 列表添加: "+name);
                    }
              }
            else if(e.getSource()==del)
              {  area.append("\n 列表删除: "+choice.getSelectedItem());
                 choice.remove(choice.getSelectedIndex());
              }
        }
}
public class Example4_10
{   public static void main(String args[])
    {   new WindowChoice();
    }
}
```

3. 滚动列表

滚动列表是一个常见的组件,用户使用滚动列表中的上下箭头选择选项。java.awt 包中的 List 类的对象就是滚动列表。滚动列表的大部分方法和下拉列表相同,需要注意的是,滚动列表可以允许选择多个选项。

List 类的构造方法见表 4.17。

表 4.17 List 类的构造方法

构造方法	说明
List()	创建新的滚动列表
List(int rows)	创建一个用指定可视行数初始化的新滚动列表
List(int rows,boolean multipleMode)	创建一个初始化为显示指定行数的新滚动列表

List 类的常用方法见表 4.18。

表 4.18 List 类的常用方法

方法	说明
public void add(String item)	向滚动列表的末尾添加指定的项
public void add(String item,int index)	向滚动列表中索引指示的位置添加指定的项
public String getItem(int index)	获取与指定索引关联的项

续表

方法	说明
public String[] getItems()	获取列表中的项
public int getItemCount()	获取列表中的项数
public int getRows()	获取此列表中的可视行数
public int getSelectedIndex()	获取列表中选中项的索引
public String getSelectedItem()	获取此滚动列表中选中的项
public Object[] getSelectedObjects()	获取对象数组中此滚动列表的选中项
public boolean isMultipleMode()	确定此列表是否允许进行多项选择
public void remove(int position)	从此滚动列表中移除指定位置处的项
public void remove(String item)	从列表中移除项的第一次出现
public void removeAll()	从此列表中移除所有项
public void select(int index)	选择滚动列表中指定索引处的项
public void setMultipleMode(boolean b)	设置确定此列表是否允许进行多项选择的标志

滚动列表和下拉列表的另一个不同之处是，滚动列表除了可以触发 ItemEvent 事件外，还可以触发 ActionEvent 事件。当单击滚动列表的某个选项后，触发 ItemEvent 事件；当双击某个选项后，触发 ActionEvent 事件。由于滚动列表可以触发 ItemEvent 事件和 ActionEvent 事件，所以滚动列表提供了 addItemListener 方法和 addActionListener 方法。

例 4.11　单击滚动列表 list1 的选项，触发 ItemEvent 事件，通过 itemStateChanged()方法将用户选择的选项的名称显示到文本框 text1 中。双击滚动列表 list2 的选项，触发 ActionEvent 事件，通过 actionPerformed()方法，进行数学运算。

```
import java.awt.*;
import java.awt.event.*;
class WindowList extends Frame
implements ItemListener,ActionListener
{   List list1,list2;
    TextArea text1,text2;
    int index=0;
    WindowList()
    {   setLayout(new FlowLayout());
        list1=new List(3,false);
        list2=new List(3,false);
        text1=new TextArea(2,20);
        text2=new TextArea(2,20);
        list1.add("计算 1+2+...");
        list1.add("计算 1*1+2*2+...");
        list1.add("计算 1*1*1+2*2*2+...");
        for(int i=1;i<=100;i++)
        {   list2.add("前"+i+"项和");
        }
        add(list1);
        add(list2);
        add(text1);
        add(text2);
        list1.addItemListener(this);
```

```java
            list2.addActionListener(this);
            setSize(400,200);
            setVisible(true);
            validate();
        }
    public void itemStateChanged(ItemEvent e)
    {   if(e.getItemSelectable()==list1)
            {   text1.setText(list1.getSelectedItem());
                index=list1.getSelectedIndex();
            }
    }
    public void actionPerformed(ActionEvent e)
    {   int n=list2.getSelectedIndex(),sum=0;
        String name=list2.getSelectedItem();
        switch(index)
            { case 0:
                for(int i=1;i<=n+1;i++)
                { sum=sum+i;
                }
                break;
            case 1:
                for(int i=1;i<=n+1;i++)
                { sum=sum+i*i;
                }
                break;
            case 2:
                for(int i=1;i<=n+1;i++)
                {    sum=sum+i*i*i;
                }
                break;
            default :
                sum=-100;
            }
        text2.setText(name+"等于"+sum);
    }
}
public class Example4_11
{   public static void main(String args[])
    {   new WindowList();
    }
}
```

【任务实施】

（1）定义 Student 类，其中包含学生的学号、姓名、性别、课程及成绩等属性。

```java
public class Student {
    private int id;
    private String name;
    private String sex;
    private String cource;
    private float result;
    public int getId() {
        return id;
    }
    public void setId(int id) {
```

```java
        this.id = id;
    }
    public String getName() {
        return name;
    }
    public void setName(String name) {
        this.name = name;
    }
    public String getSex() {
        return sex;
    }
    public void setSex(String sex) {
        this.sex = sex;
    }
    public String getCource() {
        return cource;
    }
    public void setCource(String cource) {
        this.cource = cource;
    }
    public float getResult() {
        return result;
    }
    public void setResult(float result) {
        this.result = result;
    }
}
```

（2）设计界面，其中包含文本框、单选框、下拉列表框，并完成"添加"、"删除"、"修改"、"上一条"、"下一条"功能的实现。

```java
import java.awt.Button;
import java.awt.Checkbox;
import java.awt.CheckboxGroup;
import java.awt.Choice;
import java.awt.Frame;
import java.awt.GridLayout;
import java.awt.Label;
import java.awt.Panel;
import java.awt.TextField;
import java.awt.event.ActionEvent;
import java.awt.event.ActionListener;
import java.util.Vector;

import javax.swing.JOptionPane;

public class ResultFrame extends Frame implements ActionListener{
    //定义界面上的组件
    Label la_id,la_sex,la_name,la_cource,la_result;
    TextField ft_id,ft_name,ft_cource,ft_result;
    Button bu_next,bu_forward,bu_add,bu_alter,bu_delete;
    Checkbox cb_male,cb_female;
    Choice ch_cource;
    Panel p,p1,p2,p3,p4,p5,p6;
```

```java
//定义 Vector 存储数据
Vector v;
//index 作为游标，标识当前显示对象
int index;
//Vector 对象中存储的对象个数
int size;

ResultFrame(){
    //实例化组件
    la_id=new Label("学号");
    la_name=new Label("姓名");
    la_sex=new Label("性别");
    la_cource=new Label("课程名称");
    la_result=new Label("分数");

    ft_id=new TextField(20);
    ft_name=new TextField(20);
    ft_cource=new TextField(20);
    ft_result=new TextField(20);

    bu_next=new Button("下一条");
    bu_forward=new Button("上一条");
    bu_add=new Button("添加");
    bu_alter=new Button("修改");
    bu_delete=new Button("删除");

    CheckboxGroup cg=new CheckboxGroup();
    cb_male=new Checkbox("男",true,cg);
    cb_female=new Checkbox("女",false,cg);

    ch_cource=new Choice();
    ch_cource.add("英语");
    ch_cource.add("数学");
    ch_cource.add("物理");

    p=new Panel();
    p1=new Panel();
    p2=new Panel();
    p3=new Panel();
    p4=new Panel();
    p5=new Panel();
    p6=new Panel();

    p1.add(la_id);
    p1.add(ft_id);
    p2.add(la_name);
    p2.add(ft_name);

    p3.add(la_sex);
    p3.add(cb_male);
    p3.add(cb_female);

    p4.add(la_cource);
    p4.add(ch_cource);
    p5.add(la_result);
```

```java
        p5.add(ft_result);

        p6.add(bu_next);
        p6.add(bu_forward);
        p6.add(bu_add);
        p6.add(bu_alter);
        p6.add(bu_delete);

        p.setLayout(new GridLayout(6,1));
        p.add(p1);
        p.add(p2);
        p.add(p3);
        p.add(p4);
        p.add(p5);
        p.add(p6);
        add(p);
        //给按钮添加监听
        bu_next.addActionListener(this);
        bu_forward.addActionListener(this);
        bu_add.addActionListener(this);
        bu_alter.addActionListener(this);
        bu_delete.addActionListener(this);

        v=new Vector();
        index=0;
        size=0;

    }
    public void actionPerformed(ActionEvent e) {
        //单击"添加"或"修改"按钮后的事件处理
        if(e.getSource()==bu_add | e.getSource()==bu_alter){
            //获得用户输入
            int id=Integer.parseInt(ft_id.getText());
            String name=ft_name.getText();
            String sex=null;
            if(cb_male.getState()){
                sex="男";
            }
            if(cb_female.getState()){
                sex="女";
            }
            String cource=ch_cource.getSelectedItem();
            float result=Float.parseFloat(ft_result.getText());
            //将用户输入数据设置为 Student 对象的属性
            Student s=new Student();
            s.setId(id);
            s.setName(name);
            s.setSex(sex);
            s.setCource(cource);
            s.setResult(result);

            if(e.getSource()==bu_add){
                //若用户单击"添加"按钮，将 Student 对象放进 Vector 对象中
                v.add(s);
                index=index+1;
```

```java
            JOptionPane.showMessageDialog(this,"添加成功","成功",JOptionPane.INFORMATION_MESSAGE);
        }else{
            //若用户单击"修改"按钮，将Student对象替换当前Vector中的Student对象
            v.setElementAt(s, index-1);
            JOptionPane.showMessageDialog(this,"修改成功","成功",JOptionPane.INFORMATION_MESSAGE);
        }

    }
    if(e.getSource()==bu_delete){
        //若用户单击"删除"按钮，将从Vector对象中删除当前Student对象
        v.remove(index-1);
        index=index-1;
        //清除文本框中的内容
        ft_id.setText("");
        ft_name.setText("");
        ft_result.setText("");
        JOptionPane.showMessageDialog(this,"删除成功","成功",JOptionPane.INFORMATION_MESSAGE);
    }
    if(e.getSource()==bu_next){
        //若用户单击"下一条"按钮，index加1并显示下一个Student对象
        size=v.size();
        index=index+1;
        if(index>size){
            index=index-1;
            JOptionPane.showMessageDialog(this,"已经是最后一条","警告",JOptionPane.WARNING_MESSAGE);
        }else{

            Student s=new Student();
            s=(Student)v.elementAt(index-1);
            ft_id.setText(String.valueOf(s.getId()));
            ft_name.setText(s.getName());
            if(s.getSex().equals("男")){
                cb_male.setState(true);
            }else if(s.getSex().equals("女")){
                cb_female.setState(true);
            }
            ch_cource.select(s.getCource());
            ft_result.setText(String.valueOf(s.getResult()));
        }
    }
    if(e.getSource()==bu_forward){
        //若用户单击"上一条"，index减1并显示上一个Student对象
        index=index-1;
        size=v.size();
        System.out.println("size="+size);
        System.out.println("index="+index);
        if(index<=0){
            index=index+1;
            JOptionPane.showMessageDialog(this,"已经是第一条","警告",JOptionPane.WARNING_MESSAGE);
        }else if(index<=size){

            System.out.println(index);
            Student s=new Student();
            s=(Student)v.elementAt(index-1);
            ft_id.setText(String.valueOf(s.getId()));
```

```
            ft_name.setText(s.getName());
            if(s.getSex().equals("男")){
                cb_male.setState(true);
            }else if(s.getSex().equals("女")){
                cb_female.setState(true);
            }
            ch_cource.select(s.getCource());
            ft_result.setText(String.valueOf(s.getResult()));
        }
    }
}
```

（3）使用 main 方法实例化 ResultFrame 窗口，运行程序。

```
public class MainText {
    public static void main(String[] args) {
        ResultFrame f=new ResultFrame();
        f.setSize(400, 500);
        f.setVisible(true);
    }
}
```

【任务小结】

该任务实现"学生成绩管理器"对学生成绩的访问与管理，掌握文本框、下拉列表框、选择框的使用，集合类型中数据的读写操作。

【思考与习题】

1．完善本任务，添加"查找"功能，能够根据学号查看学生的信息。

2．编写一个 Java 程序，要求：打开一个文本文件，一次读取其中的一行文本。令每一行形成一个 String，并将读出的 String 对象置于 LinkedList 中。请以相反次序打印出 LinkedList 内的所有文本行。

3．用 LinkedList 实现一个 stack，实现其中的 push()、top()和 pop()方法；其中 push()实现向栈中加入一个元素，top()实现得到栈的最顶端元素，pop()实现删除最顶端元素。

请记住以下英语单词

Collection [kə'lekʃən] 集合   List [list] 列表
Map [mæp] 图   Key [ki:] 键
Properties ['prɔpətis] 特性   Stack [stæk] 堆
Vector ['vektə] 向量   iterator [itə'reitə] 迭代器，迭代程序
phone [fəun] 电话   address [ə'dres] 地址，住址
score [skɔ:] 得分，分数   choice [tʃɔis] 选择
Row [rəu] 一行   Multiple ['mʌltipl] 多重的，多样的

项目五
停车收费管理程序

项目目标

完成一个关于停车收费的数据库管理信息系统的设计与开发。通过该项目掌握使用 JDBC 连接数据库的方法；掌握访问数据库实现添加、删除、修改和查询的方法；掌握信息管理系统的设计与开发的方法。

任务一 系统分析与设计

【任务描述】

完成停车收费管理程序的系统分析与设计。

【任务分析】

开发一个应用程序不仅仅是编写代码。根据软件开发流程，在编写代码之前需要进行需求分析、概要设计、详细设计等步骤，代码编写完成之后需要对软件的功能和性能进行测试。在本任务中，完成编码之前的工作。

本任务的关键点：
- 系统需求分析及功能划分。
- 数据库设计及 E-R 图绘制。

【预备知识】

1. 软件开发流程

软件开发流程（Software development process）即软件设计思路和方法的一般过程，包括设计软件的功能、实现的算法和方法、软件的总体结构设计和模块设计、编程和调试、程序联调和测试以及编写使用文档、提交程序。

第一步：需求调研分析

（1）相关系统分析员向用户初步了解需求，然后用 Word 列出待开发系统的大功能模块，每个大功能模块有哪些小功能模块，对于部分需求比较明确涉及的相关界面，在这一阶段可以初步定义好少量的界面。

（2）系统分析员深入了解和分析需求，根据自己的经验和需求用 Word 或相关的工具做出系统的功能需求文档。这一阶段的文档会清楚列出系统大致的大功能模块，大功能模块里有哪些小功能模块，同时还列出相关的界面和界面功能。

（3）系统分析员向用户再次确认需求。

第二步：概要设计

概要设计，即系统设计。概要设计需要对软件系统的设计进行考虑，包括系统的基本处理流程、系统的组织结构、模块划分、功能分配、接口设计、运行设计、数据结构设计和出错处理设计等，为软件的详细设计提供基础。

第三步：详细设计

在概要设计的基础上，开发者需要进行软件系统的详细设计。在详细设计中，描述实现具体模块所涉及到的主要算法、数据结构、类的层次结构及调用关系，需要说明软件系统各个层次中的每一个程序（每个模块或子程序）的设计考虑，以便进行编码和测试。应当保证软件的需求完全分配给整个软件。详细设计应当足够详细，能够根据详细设计报告进行编码。

第四步：编码

在软件编码阶段，开发者根据《软件系统详细设计报告》中对数据结构、算法分析和模块实现等方面的设计要求，开始具体的编写程序工作，分别实现各模块的功能，从而实现对目标系统的功能、性能、接口、界面等方面的要求。

第五步：测试

测试编写好的系统。交付用户使用，用户使用时逐个确认每个功能。

第六步：软件交付准备

在软件测试证明软件达到要求后，软件开发者应向用户提交开发的目标安装程序、数据库的数据字典、《用户安装手册》、《用户使用指南》、需求报告、设计报告、测试报告等双方约定的产出物。

《用户安装手册》应详细介绍安装软件对运行环境的要求、安装软件的定义和内容、在客户端、服务器端及中间件的具体安装步骤、安装后的系统配置。

《用户使用指南》应包括软件各项功能的使用流程、操作步骤、相应业务介绍、特殊提示和注意事项等方面的内容，在需要时还应举例说明。

第七步：验收

用户验收。

2. E-R 图

E-R 图也称实体－联系图（Entity Relationship Diagram），提供了表示实体类型、属性和联系的方法，用来描述现实世界的概念模型。

构成 E-R 图的基本要素是实体型、属性和联系，其表示方法为：

实体型（Entity）：具有相同属性的实体具有相同的特征和性质，用实体名及其属性名集合来抽象和描述同类实体；在 E-R 图中用矩形表示，矩形框内写明实体名；比如学生张三丰、学生李寻欢都是实体。

属性（Attribute）：实体所具有的某一特性，一个实体可由若干个属性来描述。在 E-R 图中用椭圆形表示，并用无向边将其与相应的实体连接起来；比如学生的姓名、学号、性别，都是属性。

联系（Relationship）：联系也称关系，信息世界中反映实体内部或实体之间的联系。实体内部的联系通常是指组成实体的各属性之间的联系；实体之间的联系通常是指不同实体集之间的联系。在 E-R 图中用菱形表示，菱形框内写明联系名，并用无向边分别与有关实体连接起来，同时在无向边旁标上联系的类型（1:1，1:N 或 M:N）。比如老师给学生授课存在授课关系，学生选课存在选课关系。

联系可分为以下 3 种类型：

（1）一对一联系(1∶1)

例如，一个部门有一个经理，而每个经理只在一个部门任职，则部门与经理的联系是一对一的。

（2）一对多联系(1∶N)

例如，某校教师与课程之间存在一对多的联系"教"，即每位教师可以教多门课程，但是每门课程只能由一位教师来教。

（3）多对多联系(M∶N)

例如，学生与课程间的联系（"学"）是多对多的，即一个学生可以学多门课程，而每门课程可以有多个学生来学。联系也可能有属性。例如，学生"学"某门课程所取得的成绩，既不是学生的属性也不是课程的属性。由于"成绩"既依赖于某名特定的学生又依赖于某门特定的课程，所以它是学生与课程之间的联系——"学"的属性。

绘制 E-R 图的步骤：

①确定所有的实体集合。
②选择实体集应包含的属性。
③确定实体集之间的联系。
④确定实体集的关键字，用下划线在属性上表明关键字的属性组合。
⑤确定联系的类型，在用线将表示联系的菱形框联系到实体集时，在线旁注明是 1 或 N（多）来表示联系的类型。

【任务实施】

1. 系统需求分析

车辆在进入停车场时，需要记录车辆的基本信息，包括车牌号码、车辆颜色、车型（便于确定收费标准）等，并一定要记录车辆进入的时间。车辆在离开停车场时，需要根据车牌号码得到该车辆的基本信息，便于核对是否是该车辆，避免车辆替换。并得到该车的入场时间计算出停车费用。经过分析，车辆进入停车场的 E-R 图如图 5-1 所示。

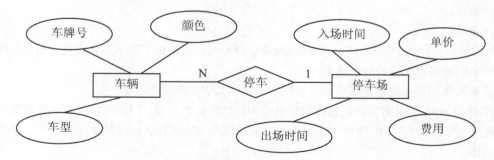

图 5-1 车辆停放 E-R 图

停车场应有多个收费人员，因此该系统中有多个用户。其 E-R 图如图 5-2 所示。而用户的类型关系如图 5-3 所示。系统中的管理员用户，可以对普通用户进行查询、添加、删除、修改的管理。其他用户可以对自己的账户进行密码修改的操作。

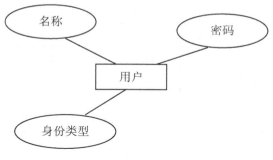

图 5-2　用户 E-R 图

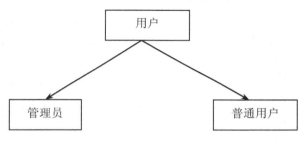

图 5-3　用户类型

2. 系统功能划分

根据时间点，可以将系统分为两大功能：车辆入场及车辆出场。车辆入场模块记录车辆入场时的基本信息。车辆出场模块首先查询车辆的基本信息，然后根据信息计算停车费用。

因此整个系统可以分为三大功能模块：用户管理、车辆入场、车辆出场。

用户管理模块的功能需求：

- 用户登录；
- 修改密码；
- 用户查询；
- 添加用户；
- 删除用户。

其中，前两项是普通用户的功能。后三项是管理员特有的，同时他也具有前两项功能。

车辆入场模块的功能需求：

- 记录车辆的基本信息（车牌，颜色，车型）；
- 记录车辆进入的时间。

车辆出场模块的功能需求：

- 根据车牌查询车辆的基本信息；
- 根据车辆入场时间和出场时间计算停车费用；
- 记录车辆出场时间和停车费用。

3. 数据库设计

根据需求分析中的 E-R 图，本系统中的数据表分为：用户表 tbl_users 见表 5.1、停车表 tbl_carPart 见表 5.2。

表 5.1 用户表结构

字段名	数据类型	约束	说明
uId	int	自动增长 1，主键	用户编号
uName	varchar(20)	不能为空，唯一	用户名
uPassword	varchar(10)	不能为空	密码
status	boolean	不能为空	身份

表 5.2 停车表结构

字段名	数据类型	约束	说明
id	int	自动增长 1，主键	流水号
carId	char(8)	不能为空	车牌号
color	char(4)	不能为空	车辆颜色
type	char(6)	不能为空	车型
inTime	date	不能为空	入场时间
outTime	date		出场时间
unitPrice	int	不能为空	单价
totalHour	int		停放时间
sum	int		总费用

数据库命名为：CarManager。

创建数据库及其表的脚本如下：

```
CREATE DATABASE CarManager;

USE CarManager;

CREATE TABLE tbl_users(
uId int auto_increment primary key,
uName varchar(20) not null unique,
uPassword varchar(10) not null,
status Boolean not null);

CREATE TABLE tbl_carPart(
id int auto_increment primary key,
carId char(8) not null,
color char(6) not null,
type char(4) not null,
inTime date not null,
outTime date ,
unitPrice int not null,
totalHour int,
sum int);
```

4. 详细设计

（1）用户管理模块

该模块包括用户登录、修改密码、添加用户、删除用户、修改用户信息等功能。该模块的模块结构如图 5-4 所示。

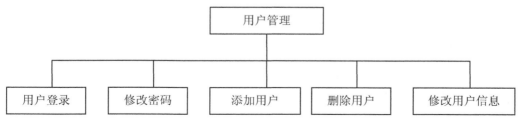

图 5-4　用户管理模块图

（2）车辆入场模块

该模块包括记录车辆的基本信息和进入停车场的时间等功能。该模块的模块结构如图 5-5 所示。

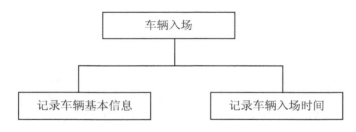

图 5-5　车辆入场模块

（3）车辆出场模块

该模块包括根据车牌查询车辆基本信息，根据车辆入场时间及出场时间计算停车费用，记录车辆出场时间及停车费用。该模块的模块结构如图 5-6 所示。

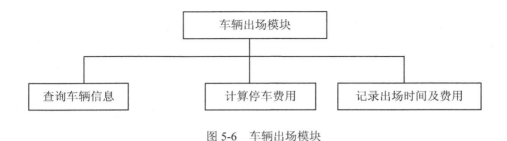

图 5-6　车辆出场模块

【任务小结】

通过本任务使学生掌握基本的软件开发在编写代码之前的一系列工作，能够完整熟悉用户的需求，根据需求绘制 E-R 图，设计数据库和各个功能模块，为今后的软件开发奠定基础。

【思考与习题】

分组讨论，完成"个人备忘录"的需求分析，数据库设计及功能模块划分。

任务二 连接数据库

【任务描述】

编写 Java 程序连接 Microsoft SQL Server 数据库。

【任务分析】

Java 语言要访问数据库，对数据库中的数据进行访问或存放，首先需要将 Java 应用程序与数据库管理系统建立连接，当前主流使用 JDBC 来实现 Java 应用程序和数据库管理系统之间的数据交换。

本任务的关键点：
- JDBC 连接数据库的方法。

【预备知识】

JDBC（Java Data Base Connectivity，Java 数据库连接）是一种用于执行 SQL 语句的 Java API，可以为多种关系数据库提供统一访问，它由一组用 Java 语言编写的类和接口组成。JDBC 为工具/数据库开发人员提供了一个标准的 API，据此可以构建更高级的工具和接口，使数据库开发人员能够用纯 Java API 编写数据库应用程序。JDBC 的作用如图 5-7 所示。

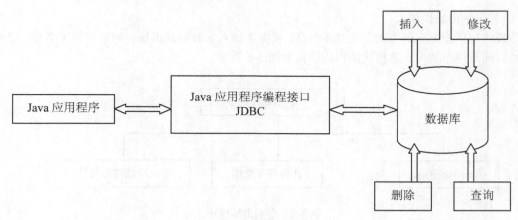

图 5-7　JDBC 的作用

有了 JDBC，向各种关系数据发送 SQL 语句就是一件很容易的事。换言之，有了 JDBC API，就不必为访问 Sybase 数据库专门写一个程序，为访问 Oracle 数据库再写一个程序，或为访问 Mircosoft SQL Server 数据库又编写另一个程序等，程序员只需用 JDBC API 写一个程序就足够了，它可向相应数据库发送 SQL 调用。同时，将 Java 语言和 JDBC 结合起来使程序员不必为不同的平台编写不同的应用程序,只须写一遍程序就可以让它在任何平台上运行,这也是 Java 语言"编写一次,处处运行"的优势。

Java 数据库连接体系结构是用于 Java 应用程序连接数据库的标准方法。JDBC 对 Java 程序员而言是 API,对实现与数据库连接的服务提供商而言是接口模型。作为 API,JDBC 为程序开发提供标准的接口,并为数据库厂商及第三方中间件厂商实现与数据库的连接提供了标准方法。JDBC 使用已有的 SQL 标准并支持与其他数据库连接标准,如 ODBC 之间的桥接。JDBC 实现了所有这些面向标准的目标并且具有简单、严格类型定义且高性能实现的接口。

Java 具有坚固、安全、易于使用、易于理解和可从网络上自动下载等特性,是编写数据库应用程序的杰出语言。所需要的只是 Java 应用程序与各种不同数据库之间进行对话的方法。而 JDBC 正是作为此种用途的机制。

简单地说,JDBC 可做三件事:与数据库建立连接、发送操作数据库的语句并处理结果。

1. sql 包

JDBCAPI 定义了一组用于与数据库进行通信的接口和类,它们在 java.sql 包中,此包中的部分常用接口见表 5.3,常用类见表 5.4。

表 5.3 sql 包常用接口

接口名	说明
CallableStatement	此接口包含用于执行 SQL 存储过程的方法
Connection	此接口用于连接数据库
Driver	此接口用于创建 Connection 对象
PreparedStatement	此接口用于执行预编译的 SQL 语句
ResultSet	此接口提供用于检索 SQL 语句返回的数据的各种方法
Statement	此接口用于执行 SQL 语句并将数据检索到 ResultSet 中

表 5.4 sql 包常用类

类名	说明
Date	包含将 SQL 日期格式转换成 Java 日期格式的各种方法
DriverManager	用于加载和卸载各种驱动程序并建立与数据库的连接

java.sql 包中常见的异常是 SQLException。SQLException 类是其他类型的 JDBC 异常的基础,它扩展了 java.lang.Exception。

2. 连接数据库

想要与使用的 DBMS(数据库管理系统)建立一个连接,第一步需要导入 java.sql 包,装载驱动程序并建立连接。

首先将驱动的 jar 包加入到工程中。右键单击工程,在弹出菜单中选择"Properties",如图 5-8 所示。

在工程的属性窗口中,在左侧窗口选择"Java Build Path",右侧窗口选择"Libraries"选项卡,单击"Add External JARs"按钮,添加驱动 Jar 包,如图 5-9 所示。

选择驱动 Jar 包所在的路径,单击"打开"按钮,如图 5-10 所示。

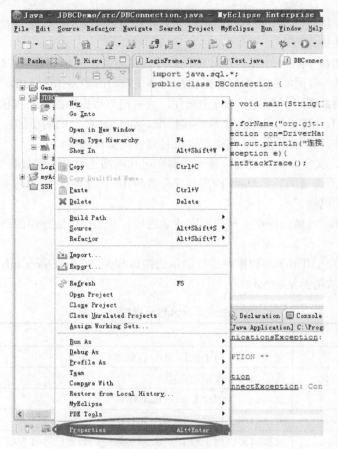

图 5-8 工程属性

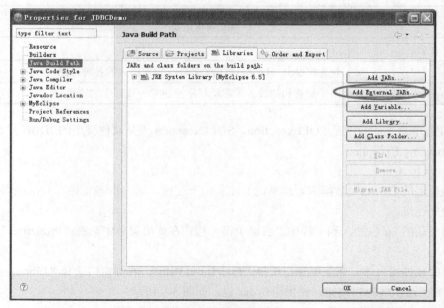

图 5-9 添加 Jar 包

图 5-10 选择 Jar 包

打开操作完成后，该 Jar 包出现在"Libraries"选项卡中，如图 5-11 所示。

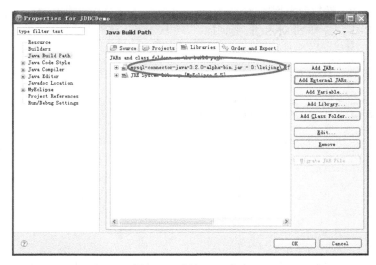

图 5-11 添加 Jar 成功

单击"OK"按钮，关闭"Properties"窗口。并可以在 MyEclipse 右侧的工程窗口中，查看到新添加的 Jar 包，如图 5-12 所示。

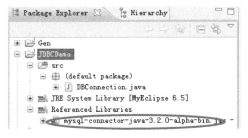

图 5-12 工程中查看添加 Jar 包

根据需要连接的数据库的驱动程序文档获得驱动程序的名称。例如，如果类名是com.microsoft.jdbc.sqlserver.SQLServerDriver，使用以下代码加载驱动程序：

```
Class.forName("com.microsoft.jdbc.sqlserver.SQLServerDriver");
```

加载驱动程序（Driver）类后，即可用来与数据库建立连接。

第二步就是用适当的驱动程序类与 DBMS 建立一个连接。下列代码是一般的做法：

```
Connection con = DriverManager.getConnection(url, "UserName", "Password");
```

url 是连接字符串，将 Java 应用程序与 DBMS 连接起来，在驱动程序的文档中可以获得 url 的书写方式，"UserName" 及 "Password" 为登录 DBMS 的用户名及密码。如果需要连接到 MySQL 数据库管理系统的用户名为 "root"，密码为 "root"，以下代码就可以建立一个连接：

```
String url = "jdbc:mysql://MyDbComputerNameOrIP:3306/myDatabaseName";
Connection con = DriverManager.getConnection(url,"root", "root");
```

将 MyDbComputerNameOrIP 替换为 DBMS 所在的服务器的名称或 IP 地址。myDatabaseName 替换为数据库的名称。

DriverManager 类在幕后管理建立连接的所有细节。一般程序员需要在此类中直接使用的唯一方法是 DriverManager.getConnection。

DriverManager.getConnection 方法返回一个打开的连接，可以使用此连接创建 JDBC statements 并发送 SQL 语句到数据库。

例 5.1 写出程序，连接到 MySQL 数据库。

```java
import java.sql.*;
public class DBConnection{
    public static void main(String [] args){
        try{
            Class.forName("org.gjt.mm.mysql.Driver");
            Connection con=DriverManager.getConnection
             ("jdbc:mysql://localhost:3306/Students", "root","root");
            System.out.println("连接成功");
        }catch(Exception e){
            e.printStackTrace();
        }
    }
}
```

【任务实施】

每次对数据库进行数据的查找、添加、修改及删除都需要连接数据库。当对数据库的操作完成后，应该关闭连接，释放资源。因此，可以编写一个方法，加载驱动并实现连接。可通过调用该方法来实现重复调用，减少代码量。

```java
import java.sql.*;
public class DBConnection {
    // 连接数据库的驱动程序，缺省值
    private String driverName = "com.microsoft.jdbc.sqlserver.SQLServerDriver";
    // 连接数据库的 URL，缺省值
    private String url = "jdbc:microsoft:sqlserver://localhost:1433;DatabaseName=×××";
    // 连接数据库的用户与口令
    private String user = "sa";
    private String password = "sa";
    public DBConnection() throws Exception {
        // 装载驱动程序
        Class.forName(driverName).newInstance();
```

```
    }
    public Connection getConnection() throws Exception {
        return DriverManager.getConnection(url, user, password);
    }
    /**
     * 用于测试连接的主函数
     */
    public static void main(String[] args) throws Exception {
        DBConnection dbconnection = new DBConnection();
        dbconnection.getConnection();
        System.out.println("Connection OK!");
    }
}
```

【任务小结】

使用 JDBC 连接到数据库，需要使用 Class.forName 方法加载所要连接数据库的驱动程序，然后指定连接字符串，定义用户名、密码及数据库名称。最后使用 DriverManager 接口的 getConnection 方法与数据库管理系统建立连接。

【思考与习题】

编写程序，连接到 Oracle 数据库。

任务三 用户登录功能

【任务描述】

编写程序，实现登录程序的用户名和密码的判断。根据数据库中的 Users 表，依据用户名查找密码，若用户名及密码正确，进入主界面；若用户名或密码错误，弹出错误提示对话框。

【任务分析】

判断密码是否正确需要从数据库中查找相应的密码，使用 JDBC 连接数据库后，需要向数据库发送 SQL 查询语句，获得数据库中存储的密码并与用户输入的密码进行比较。

本任务关键点：

- 通过 Java 程序向数据库进行查询，并处理查询结果。
- 通过 Java 程序向数据库添加、删除、修改数据。

【预备知识】

1. 向数据库发送 SQL 语句

当 Java 应用程序与数据库管理系统建立连接之后，需要向数据库发送 SQL 语句，SQL 语句就是应用程序对数据库的请求，Java 应用程序通过 Statement 接口发送 SQL 语句。

向数据库中添加数据，修改数据或删除数据可以使用 Statement 接口的 executeUpdate()方法，该方法返回一个整数，表示受该语句影响的行数，接受一个 SQL 语句作为参数。

注意：使用完 Statement 对象后，需要关闭该对象。之后一定要关闭 Connection 对象，断开与数据库的连接，因为 Connection 对象是稀有资源，数据库可以承载的连接数有限，要供大量的用户同时使用。Connection 的使用原则是尽量晚创建，尽量早释放。

例 5.2 向 MySQL 中的 TEST 数据库的 Users 表，添加一条记录。表的结构见表 5.5。

表 5.5 Users 表结构

字段名	字段类型	说明
id	int	用户编号
name	varchar(30)	用户名
password	char(10)	密码

```java
//导入 SQL 包
import java.sql.*;
public class InsertTest {
    public static void main(String[] args) {
        try{
            //注册驱动
            Class.forName( "org.gjt.mm.mysql.Driver");
        }catch(ClassNotFoundException e){
            e.printStackTrace();
        }
        try{
            //创建连接
            Connection con=DriverManager.getConnection("jdbc:mysql://localhost:3306/test","root","root");
            //创建 Statement 对象
            Statement sm=con.createStatement();
            //使用 executeUpdate()方法，参数是一个 INSERT 语句
            sm.executeUpdate("insert into users values(3,'lily','qwe')");
            //返回成功消息
            System.out.println("添加数据成功");
            //关闭 Statement 对象
            sm.close();
            //关闭数据库连接
            con.close();
        }catch(SQLException se){
            se.printStackTrace();
        }
    }
}
```

例 5.3 修改用户的密码。

```java
//导入 SQL 包中需要用的类
import java.sql.Connection;
import java.sql.DriverManager;
import java.sql.SQLException;
import java.sql.Statement;

public class UpdateTest {
    public static void main(String[] args) {
        try{
            //注册驱动程序
```

```
            Class.forName( "org.gjt.mm.mysql.Driver");
        }catch(ClassNotFoundException e){
            e.printStackTrace();
        }
        try{
            //创建一个连接
            Connection con=DriverManager.getConnection("jdbc:mysql://localhost:3306/test","root","root");
            //创建一个 Statement 对象
            Statement sm=con.createStatement();
            //使用 executeUpdate()方法，参数是一个 UPDATE 语句
            sm.executeUpdate("update users set password='123abc' where id=1");
            //返回成功消息
            System.out.println("添加数据成功");
            //关闭 Statement 对象
            sm.close();
            //关闭数据库连接
            con.close();
        }catch(SQLException se){
            se.printStackTrace();
        }
    }
}
```

例 5.4 删除一条记录。

```
//导入 SQL 包中需要的类
import java.sql.Connection;
import java.sql.DriverManager;
import java.sql.SQLException;
import java.sql.Statement;
public class DeleteTest {
    public static void main(String[] args) {
        try{
            //注册驱动程序
            Class.forName( "org.gjt.mm.mysql.Driver");
        }catch(ClassNotFoundException e){
            e.printStackTrace();
        }
        try{
            //创建一个连接
            Connection con=DriverManager.getConnection("jdbc:mysql://localhost:3306/test","root","root");
            //创建一个 Statement 对象
            Statement sm=con.createStatement();
            //使用 executeUpdate()方法，参数是一个 DELETE 语句
            sm.executeUpdate("delete from users where id=1");
            //返回成功消息
            System.out.println("添加数据成功");
            //关闭 Statement 对象
            sm.close();
            //关闭数据库连接
            con.close();
        }catch(SQLException se){
            se.printStackTrace();
        }
    }
}
```

2. 数据查询

查询是数据库最重要的功能之一，执行查询的方法是使用 Statement 接口的 executeQuery()方法，此方法接受 SQL 查询语句作为参数，并返回查询结果给 ResultSet 接口的对象。

使用 ResultSet 接口时，需要注意以下几点：
- ResultSet 对象完全依赖于 Statement 对象和 Connection 对象。
- 每次执行 SQL 语句时，都会用新的结果重写结果集。
- ResultSet 使用完后，应对关闭。当相关的 Statement 关闭时，ResultSet 对象会自动关闭。

ResultSet 接口定义了一组方法，见表 5.6，用来访问结果集。

表 5.6　ResultSet 接口的方法

方法	说明
next()	此方法将获得从当前位置下移一行的数据，如果该行包含数据，则返回 True，否则返回 False。ResultSet 的行初始位置位于结果集的第一行之前
get<Type>()	从 ResultSet 对象返回数据。如 getString()方法用于检索字符型数据，而 getInt()方法用于检索整型数据。其参数有两种形式：一种形式接受列名，另一种形式接受列索引号作为参数

例 5.5　查询 Users 表中的所有记录。

```java
//导入需要的 SQL 包中的类
import java.sql.Connection;
import java.sql.DriverManager;
import java.sql.ResultSet;
import java.sql.SQLException;
import java.sql.Statement;
public class SelectTest {
    public static void main(String[] args) {
        try{
            //注册驱动程序
            Class.forName("org.gjt.mm.mysql.Driver");
        }catch(ClassNotFoundException e){
            e.printStackTrace();
        }
        try{
            //创建一个连接
            Connection con=DriverManager.getConnection("jdbc:mysql://localhost:3306/test","root","root");
            //创建一个 Statement 对象
            Statement sm=con.createStatement();
            //使用 executeQuery()方法，参数是 SELECT 语句，将结果集返回给 ResultSet 对象
            ResultSet rs=sm.executeQuery("select * from users");
            //使用 while 循环，ResultSet 对象的 next()方法逐条记录访问
            while(rs.next()){
                //根据数据类型获得结果集的第一个字段，赋值给 ID 变量
                int id=rs.getInt(1);
                //根据数据类型获得结果集的 name 字段，赋值给 name 变量
                String name=rs.getString("name");
                //根据数据类型获得结果集的第三个字段，赋值给 password 变量
                String password=rs.getString(3);
                //打印结果集
                System.out.println("id="+id+",name="+name+",password="+password);
```

```java
        }
        //关闭 ResultSet 对象
        rs.close();
        //关闭 Statement 对象
        sm.close();
        //关闭连接
        con.close();
    }catch(SQLException se){
        se.printStackTrace();
    }
  }
}
```

例 5.6 根据用户名，查找密码。

```java
//导入需要的 SQL 包中的类
import java.sql.Connection;
import java.sql.DriverManager;
import java.sql.ResultSet;
import java.sql.SQLException;
import java.sql.Statement;
public class SelectTest {
    public static void main(String[] args) {
        try{
            //注册驱动程序
            Class.forName( "org.gjt.mm.mysql.Driver");
        }catch(ClassNotFoundException e){
            e.printStackTrace();
        }
        try{
            //创建一个连接
            Connection con=DriverManager.getConnection("jdbc:mysql://localhost:3306/test","root","root");
            //创建一个 Statement 对象
            Statement sm=con.createStatement();
            String userName="lily";
            //使用 executeQuery()方法查询，SQL 语句中带参数
            ResultSet rs=sm.executeQuery("select password from users where name='"+userName+"'");
            //使用 while 循环，ResultSet 对象的 next()方法逐条记录访问
            while(rs.next()){
                //根据数据类型获得结果集的第一个字段，赋值给 ID 变量
                int id=rs.getInt(1);
                //打印结果集
                System.out.println("password="+password);
            }
            //关闭 ResultSet 对象
            rs.close();
            //关闭 Statement 对象
            sm.close();
            //关闭连接
            con.close();
        }catch(SQLException se){
            se.printStackTrace();
        }
    }
}
```

3. PreparedStatement 接口的使用

当多次执行统一操作时,应该考虑采用各种方法以提高程序的工作效率。采用 PreparedStatement 接口就是提高运行效率的方法之一。另外,PreparedStatement 对象也适用于为特定的 SQL 命令指定多个参数。

PreparedStatement 接口继承自 Statement 接口,二者之间有两点不同:

- 执行程序时,Statement 对象会编译并执行 SQL 语句,而对于 PreparedStatement 对象,SQL 语句是预先编译的。
- 包含在 PreparedStatement 对象中的 SQL 语句可能有一个或多个参数,创建 SQL 语句时未指定此参数的值。需要使用一个问号?作为占位符替代各个参数。执行 SQL 语句之前,每个问号的值都必须由相应的 set<Type>()方法提供。

第一步:创建 PreparedStatement 对象。

```
PreparedStatement pstmt=con.prepareStatement("select password from users where name=?");
```

第二步:将 mt 对象发送给数据库管理系统之前,设置问号?的值。使用 set<Type>()方法,其中<Type>是参数的相应类型。如参数是整型,则使用 setInt()方法。该方法接受两个参数,第一个是参数的序号,第二个是该参数的值。

```
pstmt.setString(1,"lily");
```

第三步:pstmt 对象发送给数据库管理系统,执行该 SQL 语句。

```
pstmt.executeQuery();
```

以上语句可能会发生 SQLException 异常,需要将整个语句组都包含在 try-catch 语句块中。

例 5.7 使用 PreparedStatement 接口,修改用户的密码。

```java
//导入需要的 SQL 包中的类
import java.sql.Connection;
import java.sql.DriverManager;
import java.sql.ResultSet;
import java.sql.SQLException;
import java.sql.PreparedStatement;
public class SelectTest {
    public static void main(String[] args) {
        try{
            //注册驱动程序
            Class.forName( "org.gjt.mm.mysql.Driver");
        }catch(ClassNotFoundException e){
            e.printStackTrace();
        }
        try{
            //创建一个连接
            Connection con=DriverManager.getConnection("jdbc:mysql://localhost:3306/test","root","root");
            //创建一个 PreparedStatement 对象
            PreparedStatement pstmt=con.prepareStatement("update users set password=? where id=?");
            //设置问号占位符的值
            pstmt.setString(1,"aaaa");
            pstmt.setInt(2,1);
            //使用 PreparedStatement 对象的 executeQuery()方法查询,该方法无参数
            ResultSet rs=pstmt.executeQuery();
            //使用 while 循环,ResultSet 对象的 next()方法逐条记录访问
            while(rs.next()){
                //根据数据类型获得结果集的第一个字段,赋值给 ID 变量
```

```
                int id=rs.getInt(1);
                //打印结果集
                System.out.println("password="+password);
            }
            //关闭 ResultSet 对象
            rs.close();
            //关闭 Statement 对象
            sm.close();
            //关闭连接
            con.close();
        }catch(SQLException se){
            se.printStackTrace();
        }
    }
}
```

【任务实施】

在项目二例 2.18 中，完成了一个登录程序，根据用户名和密码判断是否能登录。在该例中，用户名和密码只能有一组并且是固定在程序中的。在实际应用中，一个程序可能有多个用户，这些用户的用户名和密码存储在数据库的某张表中。当用户登录时，根据输入的用户名在数据库表中查找对应的密码，然后比较用户输入的密码和数据库中的密码是否一致，一致则登录成功，不一致则登录失败。

```java
import java.awt.Button;
import java.awt.Frame;
import java.awt.GridLayout;
import java.awt.Label;
import java.awt.Panel;
import java.awt.TextField;
import java.awt.event.ActionEvent;
import java.awt.event.ActionListener;
import java.sql.Connection;
import java.sql.ResultSet;
import java.sql.Statement;

import javax.swing.JOptionPane;
public class LoginFrame extends Frame implements ActionListener{
    //定义组件
    Label lab1,lab2;
    TextField t1,t2;
    Button b1,b2;
    Panel p1,p2,p3;
    LoginFrame(){
        super("登录");
        //实例化组件
        lab1=new Label("用户名");
        lab2=new Label("密码");
        t1=new TextField(20);
        t2=new TextField(20);
        t2.setEchoChar('*');
        b1=new Button("确定");
        b2=new Button("退出");
        p1=new Panel();
```

```java
            p2=new Panel();
            p3=new Panel();

            //组件布局
            p1.add(lab1);
            p1.add(t1);
            p2.add(lab2);
            p2.add(t2);
            p3.add(b1);
            p3.add(b2);
            setLayout(new GridLayout(3,1,8,20));
            add(p1);
            add(p2);
            add(p3);

            //添加监听器
            b1.addActionListener(this);
            b2.addActionListener(this);
        }

        public void actionPerformed(ActionEvent e){
            //当用户单击"确定"按钮时事件处理
            if(e.getSource()==b1){
                //获得数据库中的用户密码
                String newPass=findUser(t1.getText());
                //比较数据库中的密码与用户输入的密码是否一致
                if(t2.getText().equals(newPass)){
                    JOptionPane.showMessageDialog(this, "登录成功");
                }else{
                    t1.setText("");
                    t2.setText("");
                    JOptionPane.showMessageDialog(this,"请输入正确的用户名及密码");
                }
            }
            //当用户单击"退出"按钮时事件处理
            if(e.getSource()==b2){
                System.exit(0);
            }
        }
        //根据用户名,从数据库中查找到用户密码
        public String findUser(String name){
            String password=null;
            try{
                DBConnection dbc=new DBConnection();
                Connection con=dbc.getConnection();
                Statement sm=con.createStatement();
                ResultSet rs=sm.executeQuery("select password from users where name="+name);
                while(rs.next()){
                    password=rs.getString(1);
                }
                rs.close();
                sm.close();
                con.close();
            }catch(Exception e){
                e.printStackTrace();
```

```
        }
        return password;
    }
}
```

【任务小结】

通过本任务掌握编写 Java 程序对数据库中的数据进行查询、添加、修改、删除的方法和步骤。一般使用 JDBC 访问数据的步骤是：

①导入 SQL 包。
②加载相应数据库驱动程序及驱动包。
③使用 Connection 建立与数据库的连接。
④使用 Statement 的对象向数据库发送 SQL 语句。
⑤如是查询，则使用 ResultSet 对象存储数据库返回的结果集。
⑥关闭 ResultSet 对象。
⑦关闭 Statement 对象。
⑧关闭数据库连接。

【思考与习题】

1. （   ）用于保存数据库查询的结果集。
   A．Connection   B．Statement
   C．PreparedStatement   D．ResultSet
2. （   ）用于执行 SQL 语句并将数据检索到 ResultSet 中。
   A．ResultSet   B．Connection
   C．CalledStatement   D．Statement
3. 从 ResultSet 的对象 rs 中获取下一行数据的正确语句是（   ）。
   A．rs.next()   B．rs.nextRow()
   C．rs.getNext()   D．rs.getNextRow()

任务四　车辆入场模块实现

【任务描述】

根据任务一中的详细设计完成"车辆入场"模块的代码编写。

【任务分析】

整个程序的主界面上主要有两个部分："车辆入场"和"车辆出场"，如何在界面上合理地规划这两个功能模块，使用户方便使用，是本任务中需要考虑的。

"车辆入库"模块的主要功能是将车辆的信息存储到数据库中，因此在建立与数据库的连接后，将入场车辆的信息添加到数据库相应的表中即可。

【预备知识】

在项目二任务四中介绍过卡式布局 CardLayout，该布局显得不太直观，swing 用 JTabbedPane 类（卡片选项页面）对它进行了修补，由 JTabbedPane 来处理这些卡片面板。在设计用户操作界面时，使用卡片选项页面，可以扩大安排功能组件的范围，用户操作起来更加方便。

addTab()方法有 3 种结构方式：

addTab(String title,Component component);
addTab(String title,Icon icon,Component component);
addTab(String title,Icon icon,Coraponent component.String tip);

其中，**title** 为卡片标题，**icon** 为卡片图标，**component** 为放到选项页面中的面板，**tip** 为当鼠标停留在该页面标题时显示的提示文字。

例 5.8 卡片选项页面示例。

```
1   /*卡片选项页面*/
2   import javax.swing.* ;
3   import java.awt.*;
4   import java. awt.event.*;
5   class TtpDemo extends JFrame
6   {
7       TtpDemo()
8       {
9           super("卡片选项页面示例");
10          setSize(300,200);setVisible(true);
11          JTabbedPane jtp=new JTabbedPane();
12          ImageIcon icon1=new ImageIcon("c1.gif");
13          ImageIcon icon2=new ImageIcon("c2.gif");
14          ImageIcon icon3=new ImageIcon("c3.gif");
15          jtp.addTab("城市",icon1,new CitiesPanel (),"城市名称");
16          jtp.addTab("文学",icon2,new BookPanel (),"文学书目");
17          jtp.addTab("网站",icon3,new NetPanel (),"精选网址");
18          getContentPane().add(jtp);
19          validate();
20          addWindowListener(new WindowAdapter()
21          {   public vold windowClosing(WindowEvent e)
22              {System.exIL(0);}});
23      }
24  }
25  /*定义面板 CitiesPanel
26  class CitiesPanel extends JPanel
27  {
28      CitiesPanel()
29      {
30          JButton b1=new JButton("北京");
31          JButton b2=new JButton("上海");
32          JButton b3=new JButton("深圳");
33          JButton b4=new JButton("厦门");
34          add(b1);add(b2);add(b3);add(b4);
35      }
36  }
37  //定义面板 BookPanel
38  class BookPanel extends JPpanel
39  {
40      BookPanel()
```

```
41      {
42          JCheckBox cb1=new JCheckBox("西游记");
43          JCheckBox cb2=new JCheckBox("三国演义");
44          JCheckBox cb3=new JCheckBox("红楼梦");
45          add(cb1l);add(cb2);add(cb3);
46      }
47  }
48      //定义面板 NetPanel
49  class NetPanel   extends JPanel
50  {
51      NetPanel()
52      {
53          JComboBox jcb=new JComboBox();
54          jcb.addItem("诃德论坛");
55          jcb.addItem("百度搜索");
56          jcb.addItem("Java 爱好者");
57          add(jcb);
58      }
59  }
60      //主类
61  public class Example5_8
62  {   public static void main(String args[])
63      {new TtpDemo();}
64  }
```

程序说明：

（1）在程序的第 25-59 行，定义了 3 个面板类（CitiesPanel、BookPanel、NetPanel）；

（2）在程序的第 11 行建立了 JTabbedPane 的实例对象 jtp；

（3）通过实例对象 jtp 调用方法 addTab()将面板添加到 JTabbedPane 中；

（4）本程序的第 15-17 行使用的是 addTab()方法的第 3 种结构方式。

程序运行结果如图 5-13 所示。

图 5-13   卡片选项页面

【任务实施】

（1）创建 CarManageFrame 类，在该类中创建车辆收费管理主窗口，该窗口中包含两个选项卡页面，分别为"车辆入场"和"车辆出场"管理页面。

```
public class CarManageFrame extends JFrame{
    CarManageFrame(){
        super("车辆管理系统");
        JTabbedPane jtp=new JTabbedPane();
        jtp.addTab("车辆入场",new CarIn());
        jtp.addTab("车辆出场",new CarOut());
```

```java
            this.getContentPane().add(jtp);
            this.validate();
        }
    }
```

（2）创建 CarIn 类，该类包含"车辆入场"界面，可以将车辆基本信息添加到数据库表中。单击某个单选按钮选择车型，显示不同的停车单价。单击"确定"按钮，将车辆的基本信息添加到数据库 tbl_carPart 表中。

```java
import java.awt.GridLayout;
import java.awt.event.ActionEvent;
import java.awt.event.ActionListener;
import java.awt.event.ItemEvent;
import java.awt.event.ItemListener;
import java.util.Date;

import javax.swing.ButtonGroup;
import javax.swing.JButton;
import javax.swing.JComboBox;
import javax.swing.JLabel;
import javax.swing.JOptionPane;
import javax.swing.JPanel;
import javax.swing.JRadioButton;
import javax.swing.JTextField;

import action.CarAction;
import action.CarActionADO;
import bean.Car;

public class CarIn extends JPanel implements ActionListener,ItemListener{
    //声明界面上的各类组件
    JLabel la_id,la_color,la_type,la_inTime,la_unitPrice;
    JTextField tf_id;
    JComboBox cb_color;
    JRadioButton rb_big,rb_midd,rb_small;
    JLabel inTime_value,unitPrice_value,label;
    JButton bu_OK,bu_cancel,bu_now;
    JPanel p1,p2,p3,p4,p5,p,p12,p23,p34,p45;
    Date d;
    CarIn(){
        //实例化各个组件
        la_id=new JLabel("车牌号码");
        la_color=new JLabel("车辆颜色");
        la_type=new JLabel("车辆类型");
        la_inTime=new JLabel("入场时间");
        la_unitPrice=new JLabel("单价");
        tf_id=new JTextField(18);
        cb_color=new JComboBox();
        //给下拉框添加值
        cb_color.addItem("红色");
        cb_color.addItem("黑色");
        cb_color.addItem("银色");
        cb_color.addItem("灰色");
        cb_color.addItem("黄色");
        cb_color.addItem("橙色");
```

```java
cb_color.addItem("绿色");
cb_color.addItem("紫色");

//创建单选框组
ButtonGroup bg=new ButtonGroup();
rb_big=new JRadioButton("大型车");
rb_midd=new JRadioButton("中型车");
rb_small=new JRadioButton("小型车",true);
//将三个单选框添加到单选框组 bg 中
bg.add(rb_big);
bg.add(rb_midd);
bg.add(rb_small);
//获取当前时间日期
d=new Date();
inTime_value=new JLabel(d.toString());
unitPrice_value=new JLabel("2 元/小时");
bu_OK=new JButton("确定");
bu_cancel=new JButton("取消");
bu_now=new JButton("Now");
p=new JPanel();
p1=new JPanel();
p2=new JPanel();
p3=new JPanel();
p4=new JPanel();
p5=new JPanel();
p12=new JPanel();
p23=new JPanel();
p34=new JPanel();
p45=new JPanel();
label=new JLabel("            ");
//界面布局
p1.add(la_id);
p1.add(tf_id);
p2.add(la_type);
p2.add(rb_small);
p2.add(rb_midd);
p2.add(rb_big);
p3.add(la_color);
p3.add(cb_color);
p3.add(label);
p3.add(la_unitPrice);
p3.add(unitPrice_value);
p4.add(la_inTime);
p4.add(inTime_value);
p4.add(bu_now);
p5.add(bu_OK);
p5.add(bu_cancel);
p.setLayout(new GridLayout(9,1));
p.add(p1);
p.add(p12);
p.add(p2);
p.add(p23);
p.add(p3);
p.add(p34);
p.add(p4);
```

```java
            p.add(p45);
            p.add(p5);

            this.add(p);

            //给按钮和单选框添加监听
            bu_OK.addActionListener(this);
            bu_cancel.addActionListener(this);
            bu_now.addActionListener(this);
            rb_big.addItemListener(this);
            rb_midd.addItemListener(this);
            rb_small.addItemListener(this);

        }

        public void actionPerformed(ActionEvent e) {
            //获得当前时间和日期
            if(e.getSource()==bu_now){
                inTime_value.setText(new Date().toString());
            }
            //单击"确定"按钮,将车辆信息添加到数据库中
            if(e.getSource()==bu_OK){
                Car c=new Car();
                c.setId(tf_id.getText());
                c.setColor(cb_color.getSelectedItem().toString());
                SimpleDateFormat matter=new SimpleDateFormat("yyyy 年 MM 月 dd 日 HH 时 mm 分");
                c.setInTime(matter.format(d));
                if(rb_big.isSelected()){
                    c.setType(rb_big.getText());
                }else if(rb_midd.isSelected()){
                    c.setType(rb_midd.getText());
                }else if(rb_small.isSelected()){
                    c.setType(rb_small.getText());
                    System.out.println(rb_small.getText());
                }
        c.setUnitPrice(Integer.valueOf(unitPrice_value.getText().charAt(0)));
            try{
                Class.forName("org.gjt.mm.mysql.Driver");
                Connection con= DriverManager.getConnection("jdbc:mysql://localhost:3306/carManager", "root", "root");
                PreparedStatement sm=con.prepareStatement("insert into tbl_carPart(carId,color,type,inTime,unitPrice) values(?,?,?,?,?)");
                sm.setString(1, c.getId());
                sm.setString(2, c.getColor());
                sm.setString(3, c.getType());
                sm.setString(4, c.getInTime());
                sm.setInt(5, c.getUnitPrice());

                sm.executeUpdate();
                sm.close();
                con.close();
            }catch(Exception e){
                e.printStackTrace();
            }
                JOptionPane.showMessageDialog(this,"入库成功","成功",JOptionPane.INFORMATION_MESSAGE);
            }
```

```
        }
        //选择单选按钮时，显示对应的单价
        public void itemStateChanged(ItemEvent i) {
            if(i.getSource()==rb_big){
                if(rb_big.isSelected()){
                    unitPrice_value.setText("4 元/小时");
                }
            }
            if(i.getSource()==rb_midd){
                if(rb_midd.isSelected()){
                    unitPrice_value.setText("3 元/小时");
                }
            }
            if(i.getSource()==rb_small){
                if(rb_small.isSelected()){
                    unitPrice_value.setText("2 元/小时");
                }
            }
        }
    }
```

【任务小结】

通过本任务，掌握 JTabbedPane 卡片选项卡的使用，实现"车辆入场"模块的功能，将车辆的基本信息及入场时间存储到数据库中。熟练掌握界面的设计与布局，熟练实现事件的响应和处理。

【思考与习题】

1．将任务三中的用户登录模块与车辆收费管理主界面连接起来。当用户输入正确的用户名和密码后，打开车辆收费管理主界面。

2．在车辆收费管理主界面中添加一个用户管理选项卡页面。

任务五　车辆收费模块实现

【任务描述】

根据任务一的详细设计完成"车辆出场"模块的代码编写。

【任务分析】

"车辆出场"模块的主要功能是根据车辆的车牌查找车辆基本信息，根据车辆的入场时间和出场时间计算停车费用并将停车费和出场时间放到数据库中。

【预备知识】

Date 类在 java.util 包中，使用 Date 类的无参数构造方法创建的对象可以获得本地当前时间。

Date 类实际上只是一个包裹类，它包含的是一个长整型数据，表示的是从 GMT（格林威治标准时间）1970 年 1 月 1 日 00:00:00 这一刻之前或之后经历的毫秒数。

Date 类常用的构造方法见表 5.7。

表 5.7　Date 类的构造方法

方法	说明
Date()	获取本地当前时间。
Date(long time)	获得一个从 GMT（格林威治标准时间）1970 年 1 月 1 日 00:00:00 这一刻之前或之后经历的毫秒数

例 5.9　使用 Date 类无参数构造方法获取当前时间和日期。

```
import java.util.Date;

public class DateDemo {
    public static void main(String[] args) {
        Date d=new Date();
        System.out.println(d);
    }
}
```

运行结果为：

Mon Jul 23 16:06:43 CST 2012

例 5.10　使用 Date 类的长整型参数获取 1970 年 1 月 1 号 0 时（格林威治时间）之后 1000 毫秒后的时间日期。

```
import java.util.Date;

public class DateDemo {
    public static void main(String[] args) {
        Date d=new Date(1000);
        System.out.println(d);
    }
}
```

运行结果：

Thu Jan 01 08:00:01 CST 1970

此结果为北京时间 8 点过 1 秒，等于格林威治时间 0 点过 1 秒。

观察上面的结果，Date 对象表示时间的默认顺序是星期，月，日，小时，分钟，秒，年。在编写程序时通常希望按着某种习惯来输出时间，比如：年　月　日　小时　分钟　秒。

这时可以使用 DateFormat 类的子类 SimpleDateFormat 来实现日期的格式化。

SimpleDateFormat 的构造方法：

public SimpleDateFormat(String pattern)　　//pattern 指定输出格式

该构造方法可以用参数 pattern 指定的格式创建一个对象，该对象调用 format(Date date)方法格式化时间对象 date。

pattern 中可以有如下格式符：

- y 或 yy：用 2 位数字表示的"年"替换。
- yyyy：用 4 位数字表示的"年"替换。
- M 或 MM：用 2 位数字表示的"月"替换。

- MMM：用汉字表示的"月"替换。
- d 或 dd：用 2 位数字表示的"日"替换。
- H 或 HH：用 2 位数字表示的"时"替换。
- m 或 mm：用 2 位数字表示的"分"替换。
- s 或 ss：用 2 位数字表示的"秒"替换。
- E：用"星期"替换。

pattern 中的普通 ASCII 字符，必须用单引号"'"字符括起来，如：
pattern="'time':yyyy-MM-dd";

例 5.11 使用 SimpleDateFormat 类格式化 Date 对象。

```java
import java.text.SimpleDateFormat;
import java.util.Date;
public class DateDemo {
    public static void main(String[] args) {
        Date d=new Date();
        System.out.println(d);
        SimpleDateFormat matter1=new SimpleDateFormat("'time':yyyy 年 MM 月 dd 日 E 北京时间");
        System.out.println(matter1.format(d));
        SimpleDateFormat matter2=new SimpleDateFormat("北京时间:yyyy 年 MM 月 dd 日 HH 时 mm 分 ss 秒");
        System.out.println(matter2.format(d));
    }
}
```

运行结果：
Mon Jul 23 16:31:58 CST 2012
time:2012 年 07 月 23 日星期一北京时间
北京时间:2012 年 07 月 23 日 16 时 31 分 58 秒

【任务实施】

（1）根据车辆的入场时间和出场时间计算车辆的停车时间。时间的格式为 yyyy 年 MM 月 dd 日 HH 分 mm 秒。将时间格式转换为字符串，根据字符串中字符所在的位置，提取相应的时间日期部分，并计算停车时间。停车时间为整数，若不足半小时则忽略不计，若超过半小时按 1 小时计。

```java
public int calHours(String beginTime, String endTime) {

    int beginYear = Integer.parseInt(beginTime.substring(0,4));
    int beginMonth = Integer.parseInt(beginTime.substring(5,7));
    int beginDay = Integer.parseInt(beginTime.substring(8,10));
    int beginHour = Integer.parseInt(beginTime.substring(11,13));
    int beiginMinute = Integer.parseInt(beginTime.substring(14,16));

    int endYear = Integer.parseInt(endTime.substring(0,4));
    int endMonth = Integer.parseInt(endTime.substring(5,7));
    int endDay = Integer.parseInt(endTime.substring(8,10));
    int endHour = Integer.parseInt(endTime.substring(11,13));
    int endMinute = Integer.parseInt(endTime.substring(14,16));

    int playMinutes = 0;
    playMinutes = ((endYear - beginYear) * 365 * 24  *  60
                    +  (endMonth - beginMonth) * 30 * 24
                    * 60 + (endDay - beginDay) * 24
                    * 60 + (endHour - beginHour) * 60
                    + (endMinute - beiginMinute));
```

```java
        int modNum = playMinutes %60;

        int useHours = 0;
        useHours = playMinutes / 60;
        if (useHours == 0 || (modNum > 5 && useHours > 0)) {
            useHours++;
        }

        return useHours;
    }
```

（2）设计"车辆出场"模块的界面及功能实现。

```java
import java.awt.GridLayout;
import java.awt.event.ActionEvent;
import java.awt.event.ActionListener;
import java.text.SimpleDateFormat;
import java.util.Date;

import javax.swing.JButton;
import javax.swing.JLabel;
import javax.swing.JOptionPane;
import javax.swing.JPanel;
import javax.swing.JTextField;

import action.CarAction;
import action.CarActionADO;
import bean.Car;

public class CarOut extends JPanel implements ActionListener{
    //定义界面上的组件
    JLabel la_id,la_color,la_inTime,la_outTime,la_type,la_totalTime,la_sum;
    JTextField tf_id;
    JButton bu_find,bu_OK;
    JLabel color_value,inTime_value,outTime_value,type_value,totalTime_value,sum_value;
    JPanel p,p1,p2,p3,p4,p5,p6,p11,p12;
    Car c;
    CarOut(){
        //实例化组件
        la_id=new JLabel("车牌号码");
        la_color=new JLabel("车牌颜色");
        la_inTime=new JLabel("入场时间");
        la_outTime=new JLabel("出场时间");
        la_type=new JLabel("车型");
        la_totalTime=new JLabel("停车时间");
        la_sum=new JLabel("停车费");

        tf_id=new JTextField(18);
        String s="                                  ";
        color_value=new JLabel(s);
        inTime_value=new JLabel(s);
        outTime_value=new JLabel(s);
        type_value=new JLabel(s);
        totalTime_value=new JLabel(s);
        sum_value=new JLabel(s);
```

```java
    bu_find=new JButton("查找");
    bu_OK=new JButton("完成");

    p=new JPanel();
    p1=new JPanel();
    p2=new JPanel();
    p3=new JPanel();
    p4=new JPanel();
    p5=new JPanel();
    p6=new JPanel();
    p11=new JPanel();
    p12=new JPanel();

    //界面布局设计
    p1.add(la_id);
    p1.add(tf_id);
    p1.add(bu_find);
    p2.add(la_color);
    p2.add(color_value);
    p2.add(la_type);
    p2.add(type_value);
    p3.add(la_inTime);
    p3.add(inTime_value);
    p4.add(la_outTime);
    p4.add(outTime_value);
    p5.add(la_totalTime);
    p5.add(totalTime_value);
    p5.add(la_sum);
    p5.add(sum_value);
    p6.add(bu_OK);

    p.setLayout(new GridLayout(9,1));
    p.add(p1);
    p.add(p11);
    p.add(p2);
    p.add(p3);
    p.add(p4);
    p.add(p5);
    p.add(p12);
    p.add(p6);
    this.add(p);

    //添加按钮监听
    bu_find.addActionListener(this);
    bu_OK.addActionListener(this);

    c=new Car();
}
public void actionPerformed(ActionEvent e) {
    int unitPrice=0;
    //单击"查找"按钮，根据车牌查找车辆基本信息
    if(e.getSource()==bu_find){
        //获得车牌号
        String id=tf_id.getText();
        //连接数据库，执行查询操作
```

```java
try{
    Class.forName("org.gjt.mm.mysql.Driver");
    Connection con= DriverManager.getConnection("jdbc:mysql://localhost:3306/carManager", "root", "root");
    Statement sm=con.createStatement();
    ResultSet rs=sm.executeQuery("select * from tbl_carPart where carId='"+id+"'");
    while(rs.next()){

        color_value.setText(rs.getString(3));
        type_value.setText(rs.getString(4));
        inTime_value.setText(rs.getString(5));
        unitPrice =rs.getInt(7);
    }
    rs.close();
    sm.close();
    con.close();
}catch(Exception e){
    e.printStackTrace();
}

//设置车辆出场时间
Date d=new Date();
SimpleDateFormat matter=new SimpleDateFormat("yyyy 年 MM 月 dd 日 HH 时 mm 分");
outTime_value.setText(matter.format(d));

}
//单击"确定"按钮，计算停车费，并将停车费和出场时间存入数据库
if(e.getSource()==bu_OK){
    //计算停车时间
    int totalTime=calHours(inTime_value.getText(), outTime_value.getText());
    c.setTotalTime(totalTime);
    //计算停车费用
    int sum=totalTime*unitPrice;
    c.setSum(sum);
    //将停车费和出场时间存入数据库
    try{
        Class.forName("org.gjt.mm.mysql.Driver");
        Connection con= DriverManager.getConnection("jdbc:mysql://localhost:3306/carManager", "root", "root");
        PreparedStatement sm=con.prepareStatement("update tbl_carPart set outTime=?,totalHour=?,sum=? where carid=?");
        sm.setString(1,c.getOutime());
        sm.setInt(2, (int) c.getTotalTime());
        sm.setInt(3, (int) c.getSum());
        sm.setString(4, c.getId());
        sm.executeUpdate();
        sm.close();
        con.close();
    }catch(Exception e){
        e.printStackTrace();
    }
    totalTime_value.setText(totalTime+"小时");
    sum_value.setText(sum+"元");
}
}
}
```

【任务小结】

通过本任务掌握 Date 类的使用，能够根据实际对时间日期进行处理。完成"车辆出场"模块的功能，熟练掌握根据条件查询数据或修改数据。

【思考与习题】

1. 设计完成"用户管理"界面，有用户（用户名，密码和权限）进行添加、删除、修改的按钮。
2. 编写程序完成用户的添加和删除以及密码或权限的修改功能。

任务六　程序优化

【任务描述】

优化程序，使程序结构更加合理。

【任务分析】

仔细观察上面的程序，有很多重复的代码并且如果用户的需求发生变化，需要修改的程序就更多了，修改的难度大量增加。因此需要优化程序，使程序结构更加合理。

【预备知识】

Java 是一种面向对象的语言，是实现面向对象编程的强大工具。在实际编程中，应该运用并发挥其最大效能。但是，要利用面向对象编程思想，自己独立开发出好的 Java 应用程序，特别是大、中型程序，并不是一件简单的事情。正是基于面向对象的编程思想，人们将实际中的各种应用程序，进行了大量的分析、总结，从而归纳出许多标准的设计模式。将这些设计模式合理地运用到自己的实际项目中，可以最大限度地减少开发过程中出现的设计上的问题，确保项目高质量的如期完成。

设计模式（Design pattern）是一套被反复使用、多人知晓、经过分类编目、代码设计的经验总结。使用设计模式是为了可重用代码、让代码更容易被他人理解、保证代码可靠性。

下面介绍两种常用模式：MVC 模式和 DAO 模式。

1. MVC 模式

MVC 模式将交互系统分为模型（Model）、视图（View）、控制器（Controller）三个部分。

- 模型部分，是软件所处理问题逻辑在独立于外在显示内容和形式情况下的内在抽象，封装了问题的核心数据、逻辑和功能的计算关系，它独立于具体的界面表达和 I/O 操作。
- 视图部分，它使表示模型数据及逻辑关系和状态的信息以特定形式展示给用户。它从模型获得显示信息，对于类似信息可以有多个不同的显示形式或视图。
- 控制器部分，用来处理用户与软件的交互操作，其职责是控制提供模型中任何变化的传播，确保用户界面与模型间的对应关系。

模型、视图与控制器的分离，使得一个模型可以具有多个显示视图。如果用户通过某个视图的控制器改变了模型的数据,所有其他依赖于这些数据的视图都应反映这些变化。因此,无论何时发生了何种数据变化,控制器都会将变化通知所有的视图,显示更新。这实际上是一种模型-传播机制。

MVC 设计模式被广泛应用于许多程序的开发中,在图形界面应用程序中的使用,如图 5-14 所示。

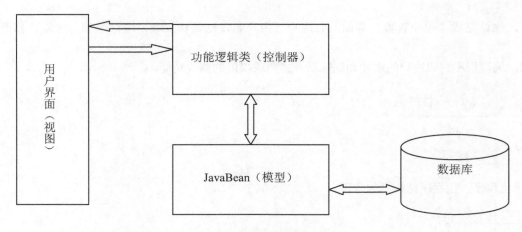

图 5-14　MVC 模式程序流程图

2．DAO 模式

DAO 是 Data Access Object 数据访问接口,数据访问:顾名思义就是与数据库打交道,夹在业务逻辑与数据库资源中间。

DAO 模式通过对业务层提供数据抽象层接口,实现以下目标:

(1) 数据存储逻辑的分离

通过对数据访问逻辑进行抽象,为上层机构提供抽象化的数据访问接口。业务层无需关心具体的 select,insert,update 操作,这样,一方面避免了业务代码中混杂 JDBC 调用语句,使得业务落实实现更加清晰;另一方面,由于数据访问接口与数据访问实现分离,也使得开发人员的专业划分成为可能。某些精通数据库操作技术的开发人员可以根据接口提供数据库访问的最优化实现,而精通业务的开发人员则可以抛开数据层的繁琐细节,专注于业务逻辑编码。

(2) 数据访问底层实现的分离

DAO 模式通过将数据访问计划分为抽象层和实现层,从而分离了数据使用和数据访问的实现细节。这意味着业务层与数据访问的底层细节无关,也就是说,可以在保持上层机构不变的情况下,通过切换底层实现来修改数据访问的具体机制。常见的一个例子就是,可以通过仅仅替换数据访问层实现,将系统部署在不同的数据库平台之上。

(3) 资源管理和调度的分离

在数据库操作中,资源的管理和调度是一个非常值得关注的主题。大多数系统的性能瓶颈并非集中于业务逻辑处理本身。在系统涉及的各种资源调度过程中,往往存在着最大的性能黑洞,而数据库作为业务系统中最重要的系统资源,自然也成为关注的焦点。DAO 模式将数据访问逻辑从业务逻辑中脱离开来,使得在数据访问层实现统一的资源调度成为可能,通过数据库连接池以及各种缓存机制(Statement Cache,Data Cache 等,缓存的使用是高性能系统实现的关键所在)的配合使用，可以在保持上层系统不变的情况下，大幅度提升系统性能。

（4）数据抽象

在直接基于 JDBC 调用的代码中，程序员面对的数据往往是原始的 RecordSet 数据集，诚然，这样的数据集可以提供足够的信息，但对于业务逻辑开发过程而言，如此琐碎和缺乏寓意的字段型数据实在令人厌倦。DAO 模式通过对底层数据的封装，为业务层提供一个面向对象的接口，使得业务逻辑开发员可以面向业务中的实体进行编码。通过引入 DAO 模式，业务逻辑更加清晰，更富于形象性和描述性，这将为日后的维护带来极大的便利。

DAO 设计模式包含 5 个部分：数据库连接类、VO 类、DAO 类、DAO 实现类及 DAO 工厂类。使用 DAO 设计模式可以简化大量代码，增强程序的可移植性。

【任务实施】

（1）创建 DButil 包，包含 DBConnection 类，实现数据库连接。

```java
import java.sql.*;
public class DBConnection {
    // 连接数据库的驱动程序，缺省值
    private String driverName = "org.gjt.mm.mysql.Driver";
    // 连接数据库的 URL，缺省值
    private String url = "jdbc:mysql://localhost:3306/carManager";
    // 连接数据库的用户与密码
    private String user = "root";
    private String password = "root";

    public DBConnection() throws Exception {
        // 装载驱动程序
        Class.forName(driverName).newInstance();
    }
    public Connection getConnection() throws Exception {
        return DriverManager.getConnection(url, user, password);
    }
}
```

（2）创建 bean 包，包含 Car 类，包含车辆基本属性并设置为私有，为每个属性配置相应的 get，set 方法。

```java
public class Car {
    private String id;
    private String color;
    private String type;
    private String inTime;
    private String outime;
    private int unitPrice;
    private int totalTime;
    private int sum;

    public float getTotalTime() {
        return totalTime;
    }
    public void setTotalTime(int totalTime) {
        this.totalTime = totalTime;
    }
    public float getSum() {
```

```java
        return sum;
    }
    public void setSum(int sum) {
        this.sum = sum;
    }
    public int getUnitPrice() {
        return unitPrice;
    }
    public void setUnitPrice(int unitPrice) {
        this.unitPrice = unitPrice;
    }
    public String getId() {
        return id;
    }
    public void setId(String id) {
        this.id = id;
    }
    public String getColor() {
        return color;
    }
    public void setColor(String color) {
        this.color = color;
    }
    public String getType() {
        return type;
    }
    public void setType(String type) {
        this.type = type;
    }
    public String getInTime() {
        return inTime;
    }
    public void setInTime(String inTime) {
        this.inTime = inTime;
    }
    public String getOutime() {
        return outime;
    }
    public void setOutime(String outime) {
        this.outime = outime;
    }
}
```

（3）创建 DAO 包，该包中包含 CarActionDAO 接口，在该接口中定义车辆所需的方法。

```java
import bean.Car;
public interface CarActionDAO {
    public void carInAction(Car c);
    public void carOutAction(Car c);
    public Car carFindAction(String id);
    public int calHours(String beginTime,    String endTime);
}
```

（4）在 DAO 包中，创建 CarActionDAO 接口实现类 CarAction，在该类中实现了接口中定义的方法。

```java
import java.sql.Connection;
import java.sql.PreparedStatement;
import java.sql.ResultSet;
```

```java
import java.sql.Statement;
import bean.Car;
import dbCon.DBConnection;

public class CarAction implements CarActionDAO{
    public Car carFindAction(String id) {
        Car c=new Car();
        try{
            DBConnection dbcon=new DBConnection();
            Connection con=dbcon.getConnection();
            Statement sm=con.createStatement();
            ResultSet rs=sm.executeQuery("select * from tbl_carPart where carId='"+id+"'");
            System.out.println("sql");
            while(rs.next()){
                c.setId(rs.getString(2));
                c.setColor(rs.getString(3));
                c.setType(rs.getString(4));
                c.setInTime(rs.getString(5));
                c.setUnitPrice(rs.getInt(7));
            }
            rs.close();
            sm.close();
            con.close();
        }catch(Exception e){
            e.printStackTrace();
        }

        return c;
    }

    public void carInAction(Car c) {
        try{
            DBConnection dbcon=new DBConnection();
            Connection con=dbcon.getConnection();
            PreparedStatement sm=con.prepareStatement("insert into tbl_carPart(carId,color,type,inTime,unitPrice) values(?,?,?,?,?)");
            sm.setString(1, c.getId());
            sm.setString(2, c.getColor());
            sm.setString(3, c.getType());
            sm.setString(4, c.getInTime());
            sm.setInt(5, c.getUnitPrice());

            sm.executeUpdate();
            sm.close();
            con.close();
        }catch(Exception e){
            e.printStackTrace();
        }
    }

    public void carOutAction(Car c) {
        try{
            DBConnection dbcon=new DBConnection();
```

```java
            Connection con=dbcon.getConnection();
            PreparedStatement sm=con.prepareStatement("update tbl_carPart set outTime=?,totalHour=?,sum=? where carid=?");
            sm.setString(1,c.getOutime());
            sm.setInt(2, (int) c.getTotalTime());
            sm.setInt(3, (int) c.getSum());
            sm.setString(4, c.getId());
            sm.executeUpdate();
            sm.close();
            con.close();
        }catch(Exception e){
            e.printStackTrace();
        }


    }
    public int calHours(String beginTime,  String endTime) {

        int beginYear = Integer.parseInt(beginTime.substring(0,4));
        int beginMonth = Integer.parseInt(beginTime.substring(5,7));
        int beginDay = Integer.parseInt(beginTime.substring(8,10));
        int beginHour = Integer.parseInt(beginTime.substring(11,13));
        int beiginMinute = Integer.parseInt(beginTime.substring(14,16));

        int endYear = Integer.parseInt(endTime.substring(0,4));
        int endMonth = Integer.parseInt(endTime.substring(5,7));
        int endDay = Integer.parseInt(endTime.substring(8,10));
        int endHour = Integer.parseInt(endTime.substring(11,13));
        int endMinute = Integer.parseInt(endTime.substring(14,16));

        int playMinutes = 0;
        playMinutes = ((endYear - beginYear) * 365 * 24 * 60
                    +  (endMonth - beginMonth) * 30 * 24
                    * 60 + (endDay - beginDay) * 24
                    * 60 + (endHour - beginHour) * 60
                    + (endMinute - beiginMinute));

        int modNum = playMinutes %60;

        int useHours = 0;
        useHours = playMinutes / 60;
        if (useHours == 0 || (modNum > 5 && useHours > 0)) {
            useHours++;
        }
        return useHours;
    }
}
```

（5）创建 view 包，该包中包含三个界面类：CarManageFrame 类、CarIn 类、CarOut 类。

```java
import javax.swing.JFrame;
import javax.swing.JTabbedPane;

public class CarManageFrame extends JFrame{
    CarManageFrame(){
        super("车辆管理系统");
        JTabbedPane jtp=new JTabbedPane();
```

```java
        jtp.addTab("车辆入场",new CarIn());
        jtp.addTab("车辆出场",new CarOut());
        this.getContentPane().add(jtp);
        this.validate();
    }
}

public class CarIn extends JPanel implements ActionListener,ItemListener{
    ……
    public void actionPerformed(ActionEvent e) {
        ……
        //单击"确定"按钮，将车辆信息添加到数据库中
        if(e.getSource()==bu_OK){
            Car c=new Car();
            c.setId(tf_id.getText());
            c.setColor(cb_color.getSelectedItem().toString());
            SimpleDateFormat matter=new SimpleDateFormat("yyyy 年 MM 月 dd 日 HH 时 mm 分");
            c.setInTime(matter.format(d));
            if(rb_big.isSelected()){
                c.setType(rb_big.getText());
            }else if(rb_midd.isSelected()){
                c.setType(rb_midd.getText());
            }else if(rb_small.isSelected()){
                c.setType(rb_small.getText());
                System.out.println(rb_small.getText());
            }
            c.setUnitPrice(Integer.valueOf(unitPrice_value.getText().charAt(0)));

            CarActionADO car=new CarAction();
            car.carInAction(c);
            JOptionPane.showMessageDialog(this,"入库成功","成功",JOptionPane.INFORMATION_MESSAGE);
        }
    }
    ……
}

public class CarOut extends JPanel implements ActionListener{
    ……
    public void actionPerformed(ActionEvent e) {
        int unitPrice=0;
        //单击"查找"按钮，根据车牌查找车辆基本信息
        if(e.getSource()==bu_find){
            //获得车牌号
            String id=tf_id.getText();
            //连接数据库，执行查询操作
            CarActionADO car=new CarAction();

            c=car.carFindAction(id);

            //获得车辆的基本信息
            color_value.setText(c.getColor());
            type_value.setText(c.getType());
            inTime_value.setText(c.getInTime());
            //设置车辆出场时间
            Date d=new Date();
```

```
            SimpleDateFormat matter=new SimpleDateFormat("yyyy 年 MM 月 dd 日 HH 时 mm 分");
            outTime_value.setText(matter.format(d));
            unitPrice=c.getUnitPrice();
        }
        //单击"确定"按钮，计算停车费，并将停车费和出场时间存入数据库
        if(e.getSource()==bu_OK){
            //计算停车时间
            CarAction car=new CarAction();
            int totalTime=car.calHours(inTime_value.getText(), outTime_value.getText());
            c.setTotalTime(totalTime);
            //计算停车费用
            int sum=totalTime*unitPrice;
            c.setSum(sum);
            //将停车费和出场时间存入数据库
            car.carOutAction(c);
            totalTime_value.setText(totalTime+"小时");
            sum_value.setText(sum+"元");
        }
    }
}
```

【任务小结】

通过本任务，掌握 DAO 模式和 MVC 模式的使用，理解两种设计模式的优点，在程序中合理地选择使用。

【思考与习题】

将 DAO 模式和 MVC 模式应用到用户登录及用户管理模块的程序设计中。

请记住以下英语单词

Entity ['entiti] 实体，独立存在体
Relationship [ri'leiʃənʃip] 关系，联系
Callable ['kɔːləbl] 可随时支取的
Prepared [prɪ'peəd] 事先准备好的
Statement ['steitmənt] 声明，陈述，报表
Manager ['mænidʒə] 经理，管理人
External [eks'təːnl] 外部的，外观的
Format ['fɔːmæt] 格式化，设计
View [vjuː] 视图，景色
Controller [kən'trəʊlə] 控制者，管理者，指挥者

Attribute [ə'tribjuːt] 属性，特性
Connection [kə'nekʃən] 连接，联接
Driver ['draivə] 驱动程序
Result [ri'zʌlt] 结果，后果
Date [deit] 日期，日子，年份
Libraries ['laibrəriz] 图书馆
Icon ['aɪ,kɔn] 符号，图像
Model ['mɔdəl] 模型

项目六
Java 游戏开发

项目目标

俄罗斯方块（Tetris，俄文：Тетрис）是一款风靡全球的电视游戏机和掌上游戏机游戏，它由俄罗斯人阿列克谢·帕基特诺夫发明，故得此名。俄罗斯方块的基本规则是移动、旋转和摆放游戏自动输出的各种方块，使之排列成完整的一行或多行并且消除得分。由于上手简单、老少皆宜，从而家喻户晓，风靡世界。本项目将使用 Java 语言完成一个俄罗斯方块的游戏开发。

任务一 面向对象的分析与设计

【任务描述】

本任务主要完成对俄罗斯方块游戏的需求分析，确定该游戏所需的功能，分析该游戏的对象模型，确定游戏的功能模块。

本任务的关键点：
- 需求分析。
- 面向对象分析。
- 功能模块划分。

【任务分析】

需求分析是项目开发中非常重要的一环，完成一个完整有效的需求分析对后面的系统设计和开发有着非常重要的作用，可以大量减少反复的修改。从需求中提取关键对象建立对象模型是面向对象程序设计的第一步。第二步是为对象确定事件及事件的发生源及接收方。最后建立功能模型和确定操作。这是项目开发中面向对象进行分析的步骤。

【预备知识】

面向对象分析的目的是对客观世界的系统进行建模。

分析模型有三种用途：第一，明确问题需求；第二，为用户和开发人员提供明确需求；第三，为用户和开发人员提供一个协商的基础，作为后继设计和实现的框架。

（1）面向对象的分析

系统分析的第一步是陈述需求。分析者必须同用户一起工作来提炼需求，因为这样才能获取用户的真实意图，其中涉及对需求的分析及查找丢失的信息。

（2）建立对象模型

首先标识和关联，因为它们影响了整体结构和解决问题的方法，其次是增加属性，进一步描述类和关联的基本网络，使用继承合并和组织类，最后操作增加到类中去作为构造动态模型和功能模型的副产品。

1）确定类

构造对象模型的第一步是标出来自问题域的相关的对象类，对象包括物理实体和概念。所有类在应用中都必须有意义，在问题陈述中，并非所有类都是明显给出的。有些隐含在问题域或一般的知识中。

根据下列标准，去掉不必要的类和不正确的类。

- 冗余类：若两个类表述了同一个信息，保留最富有描述能力的类。
- 不相干的类：除掉与问题没有关系或根本无关的类。
- 模糊类：类必须是确定的，有些暂定类边界定义模糊或范围太广。
- 属性：某些名词描述的是其他对象的属性，则从暂定类中删除。如果某一性质的独立性很重要，就应该把他归属到类，而不把它作为属性。
- 操作：如果问题陈述中的名词有动作含义，则描述的操作就不是类。但是具有自身性质而且需要独立存在的操作应该描述成类。如只构造电话模型，"拨号"就是动态模型的一部分而不是类，但在电话拨号系统中，"拨号"是一个重要的类，它有日期、时间、受话地点等属性。

2）准备数据字典

为所有建模实体准备一个数据字典。准确描述各个类的精确含义，描述当前问题中的类的范围，包括对类的成员、用法方面的假设或限制。

3）确定关联

两个或多个类之间的相互依赖就是关联。一种依赖表示一种关联，可用各种方式来实现关联，但在分析模型中应删除实现的考虑，以便设计时更为灵活。关联常用描述性动词或动词词组来表示，其中有物理位置的表示、传导的动作、通信、所有者关系、条件的满足等。从问题陈述中抽取所有可能的关联表述，把它们记下来，但不要过早去细化这些表述。

使用下列标准去掉不必要和不正确的关联：

- 若某个类已被删除，那么与它有关的关联也必须删除或者用其他类来重新表述。
- 不相干的关联或实现阶段的关联：删除所有问题域之外的关联或涉及实现结构中的关联。
- 动作：关联应该描述应用域的结构性质而不是瞬时事件。
- 派生关联：省略那些可以用其他关联来定义的关联。因为这种关联是冗余的。

4）确定属性

属性是个体对象的性质，属性通常用修饰性的名词词组来表示。形容词常常表示具体的可枚举的属性值，属性不可能在问题陈述中完全表述出来，必须借助于应用域的知识及对客观世界的知识才可以找到它们。只考虑与具体应用直接相关的属性，不要考虑那些超出问题范围的属性。首先找出重要属性，避免那些只用于实现的属性，要为各个属性取有意义的名字。

按下列标准删除不必要的和不正确的属性：

- 对象：若实体的独立存在比它的值重要，那么这个实体不是属性而是对象。例如在邮政目录中，"城市"是一个属性，而在人口普查中，"城市"则被看作是对象。在具体应用中，具有自身性质的实体一定是对象。
- 限定词：若属性值取决于某种具体上下文，则可考虑把该属性重新表述为一个限定词。
- 名称：名称常常作为限定词而不是对象的属性，当名称不依赖于上下文关系时，名称即为一个对象属性，尤其是它不唯一时。
- 标识符：在考虑对象模糊性时，引入对象标识符，在对象模型中不列出这些对象标识符，将其隐含在对象模型中，只列出存在于应用域的属性。
- 内部值：若属性描述了对外不透明的对象的内部状态，则应从对象模型中删除该属性。
- 细化：忽略那些不可能对大多数操作有影响的属性。

5）使用继承来细化类

使用继承来共享公共机构，以此来组织类，可以用两种方式来进行。

第一种：自底向上通过把现有类的共同性质一般化为父类，寻找具有相似的属性、关系或操作的类来发现继承。有些一般化结构常常是基于客观世界边界的现有分类，只要可能，尽量使用现有概念。对称性常有助于发现某些丢失的类。

第二种：自顶向下将现有的类细化为更具体的子类。具体化常常可以从应用域中明显看出来。应用域中各枚举情况是最常见的具体化的来源。例如：菜单可以有固定菜单，顶部菜单，弹出菜单，下拉菜单等，这就可以把菜单类具体细化为各种具体菜单的子类。当同一关联名出现多次且意义也相同时，应尽量具体化为相关联的类。在类层次中，可以为具体的类分配属性和关联。各属性和关联都应分配给最一般的适合的类，有时也加上一些修正。

6）完善对象模型

对象建模不可能一次就保证模型是完全正确的，软件开发的整个过程就是一个不断完善的过程。模型的不同组成部分多半是在不同阶段完成的，如果发现模型的缺陷，就必须返回到前期阶段去修改，有些细化工作是在动态模型和功能模型完成之后才开始进行的。

①几种可能丢失对象的情况及解决办法：

- 同一类中存在毫无关系的属性和操作，则分解这个类，使各部分相互关联；
- 一般化体系不清楚，则可能分离扮演两种角色的类；
- 存在无目标类的操作，则找出并加上失去目标的类；
- 存在名称及目的相同的冗余关联，则通过一般化创建丢失的父类，把关联组织在一起。

②查找多余的类。

类中缺少属性，操作和关联，则可删除这个类。

③查找丢失的关联。

丢失了操作的访问路径，则加入新的关联以应答查询。

④网络系统的具体情况作相应修改。

（3）建立动态模型

1）准备脚本

动态分析从寻找事件开始，然后确定各对象的可能事件顺序。在分析阶段不考虑算法的执行，算法是实现模型的一部分。

2）确定事件

确定所有外部事件。事件包括所有来自或发往用户的信息、外部设备的信号、输入、转换和动作，可以发现正常事件，但不能遗漏条件和异常事件。

3）准备事件跟踪表

把脚本表示成一个事件跟踪表，即不同对象之间的事件排序表，对象为表中的列，给每个对象分配一个独立的列。

4）构造状态图

对各对象类建立状态图，反映对象接收和发送的事件，每个事件跟踪都对应于状态图中的一条路径。

（4）建立功能模型

功能模型用来说明值是如何计算的，表明值之间的依赖关系及相关的功能，数据流图有助于表示功能依赖关系，其中的处理对应于状态图的活动和动作，其中的数据流对应于对象图中的对象或属性。

1）确定输入值、输出值

先列出输入值、输出值，输入值、输出值是系统与外界之间的事件的参数。

2）建立数据流图

数据流图说明输出值是怎样从输入值得来的，数据流图通常按层次组织。

（5）确定操作

在建立对象模型时，确定了类、关联、结构和属性，但没有确定操作。只有建立了动态模型和功能模型之后，才可能最后确定类的操作。

【任务实施】

1. 需求分析

一个用于摆放小型正方形的平面虚拟场地，其标准大小：行宽为10，列高为20，以每个小正方形为单位。

一组由4个小型正方形组成的规则图形，英文称为Tetromino，中文通称为方块，共有7种，分别以I、L、J、O、S、T、Z这7个字母的形状来命名。其具体形状如图6-1所示。

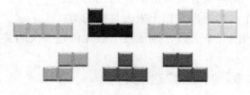

图6-1 七种不同方块

I：一次最多消除四层

J（左右）：最多消除三层，或消除两层

L：最多消除三层，或消除两层

O：消除一至两层

Z（左右）：最多两层，容易造成孔洞

T：最多两层

俄罗斯方块的基本规则：

（1）方块会从区域上方开始缓慢持续落下。

（2）玩家可以做的操作有：以 90 度为单位旋转方块，以格子为单位左右移动方块，让方块加速落下。

（3）方块移到区域最下方或者落到其他方块上无法移动时，就会固定在该处，而新的方块随即出现在区域上方并开始落下。

（4）当区域中某一行横向格子全部由方块填满，则该行会消失并成为玩家的得分。同时删除的行数越多，得分指数上升。

（5）当固定的方块堆到区域最上方而无法消除层数时，则游戏结束。

（6）一般来说，游戏会提示下一个要落下的方块形状，熟练的玩家会计算到下一个方块，评估现在要如何进行。由于游戏能不断进行下去对商业游戏不太理想，所以一般还会随着游戏的进行而加速提高难度。

（7）未被消除的方块会一直累积，并对后来的方块摆放造成各种影响。

（8）如果未被消除的方块堆放的高度超过场地所规定的最大高度（并不一定是 20 或者玩家所能见到的高度），则游戏结束。

2. 建立对象模型

根据需求分析，游戏需要一个虚拟场地，场地由多个小方格组成，一般是高度大于宽度。该场地主要作用是显示方块所在位置，设置 GamePanel 类。该类中有 display()方法显示方块。

七种不同类型的方块使用 Shape 类表示，方块可以完成显示、自动落下、向左移、向右移、向下移、旋转等动作，使用 drawMe()方法、autoDown()方法、moveLeft()方法、moveRight()方法、moveDown()方法、rotate()方法表示。

根据 DAO 模式，产生不同方块的工作交给工厂类 ShapeFactory 类，由它来产生不同的方法，将该方法命名为 getShape()方法。

方块落下后会变成障碍物，设置障碍物类 Ground 类，它可以将方块变成障碍物，使用 accept()方法，然后将其显示出来，使用 drawMe()方法。

这样确定有四个类，这四个类是相对独立的。方块工厂 ShapeFactory 类产生 Shape 类的对象。游戏面板 GamePanel 类可以接受用户的按键控制方块左移、右移、旋转等动作，需要处理按键事件的代码。根据 MVC 模式的设计思想，需要将处理逻辑的代码独立出来。因此可以将按键事件的处理代码和处理逻辑的代码组合为中央控制器类 Controller 类，该游戏的模型关系如图 6-2 所示。

3. 划分功能模块

根据游戏的需求，将功能分为方块产生与自动下落、方块的移动与显示、障碍物的生成与消除以及游戏结束等几部分，如图 6-3 所示。

方块产生与自动下落模块主要完成七种不同方块及方块旋转 90°后的状态表示，使用工厂类创建方块，产生后能够自动下落。

方块的移动与显示模块主要完成方块的向左移、向右移、向下移、旋转、显示等功能。

障碍物的生成与消除模块主要完成将下落的方块变成障碍物并显示，将障碍物填满一行后消除。

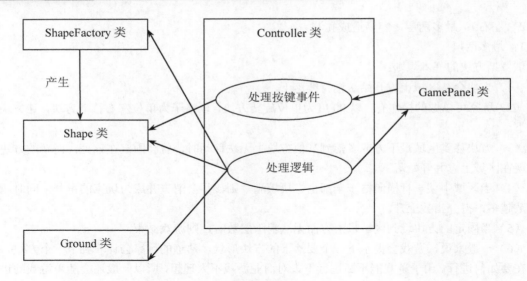

图 6-2　对象模型

游戏结束模块主要完成障碍物到达游戏面板顶部后，游戏结束，不再产生新的方块。

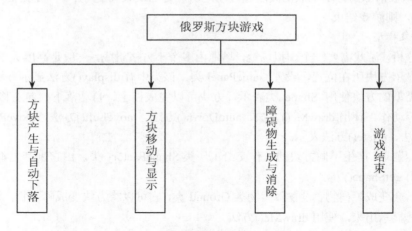

图 6-3　俄罗斯方块游戏功能模块

【任务小结】

本任务使用面向对象的分析与设计方法完成对俄罗斯方块游戏的需求分析，建立对象模型并设计游戏的功能模块。

【思考与习题】

使用面向对象的分析与设计方法，对五子棋游戏进行分析和设计。

任务二　主体框架搭建

【任务描述】

在上一个任务中，根据需求建立了对象模型。本任务根据对象模型搭建程序主体框架。

本任务的关键点：
- 理清游戏中各个对象的主要作用及相互间的关系。
- 设计各个类的主要方法。

【任务分析】

在对象模型中包含五个类：Shape 类（方块）、ShapeFactory 类（方块工厂）、Ground 类（障碍物）、GamePanel 类（游戏面板）和 Controller 类（控制器）。创建这五个类及建立类之间的关系。

【预备知识】

1. 内部类

类有两种重要的成员：成员变量和方法，除此之外类还有一种成员：内部类。

Java 支持在一个类中声明另一个类，这样的类称为内部类，而包含内部类的类称为内部类的外嵌类。声明内部类同在类中声明方法或成员变量一样，一个类把内部类看作是自己的成员。内部类的外嵌类的成员变量在内部类中仍然有效，内部类中的方法也可以调用外嵌类中的方法。

内部类的类体中不可以声明类变量和类方法。外嵌类的类体中可以用内部类声明对象，作为外嵌类中的方法。

例 6.1　内部类和外部类的定义。

```java
public class First {
    final String name="我是 First 类";
    //内部类的对象，作为外嵌类的成员
    Contents contents;
    First(){
        contents=new Contents();
    }
    //内部类
    public class Contents{
        String s="我是 Contents 类";
        public void show(){
            System.out.println(s+","+name);
        }
    }
}
public class Example6_1{
    public static void main(String []args){
        First f=new First();
        f.contents.show();
    }
}
```

如上代码所示，Contents 叫做内部类，First 叫做外嵌类。First 类的 name 成员变量在 Contents

类中可以使用。

2. 匿名类

当使用类创建对象时，Java 允许把类体与对象的创建组合在一起，也就是说，类创建对象时，除了构造方法还有类体，此类体被认为是该类的一个子类去掉类声明后的类体，称为匿名类。匿名类就是一个子类，由于无名可用，所以不能用匿名类声明对象，但可以直接用匿名类创建一个对象。

```
new 类名或接口(){
    类主体
}
```

因此，匿名类可以继承父类的方法也可以重写父类的方法。使用匿名类时，必然是在某个类中直接用匿名类创建对象，因此匿名类一定是内部类，匿名类可以访问外嵌类中的成员变量和方法，匿名类的类体中不可以声明 static 成员变量和 static 方法。

如项目二任务五中使用适配器实现窗口关闭的例 2.17 中就使用了匿名类。

```
import java.awt.*;
mport java.awt.event.*;
class MyFrame extends Frame
{
    MyFrame(String s)
    {
        addWindowListener(new WindowAdapter()//匿名类
                    { public void windowActivated(WindowEvent e)
                        { text.append("\n 我被激活");
                        }
                        public void windowClosing(WindowEvent e)
                        { System.exit(0);
                        }
                    }
                );
    }
}
public class Example1_17
{   public static void main(String args[])
    {   new MyFrame("窗口");
    }
}
```

尽管匿名类创建的对象没有经过类声明步骤，但匿名对象的引用必须传递给一个匹配的参数，匿名类的主要用途就是向方法的参数传值。

例 6.2 用匿名类创建一个对象，并向一个方法的参数传递一个匿名类的对象。

```
class Cubic{
    double getCubic(int c){
        return 0;
    }
}
abstract class Sqrt{
    public abstract double getSqrt(int x);
}
class A{
    void f(Cubic cubic){
        //执行匿名类体中重写 getCubic()方法
```

```
            double result=cubic.getCubic(3);
            System.out.println(result);
        }
    }
    public class Example6_2{
        public static void main(String args[]){
            A a=new A();
            //使用匿名类创建对象,将该对象传递给方法 f 的参数 cubic
            a.f(new Cubic{
                double getCubic(int n){
                    return n*n*n;
                }
            }
        );
        //使用匿名类创建对象,ss 是该对象的上转型对象
        Sqrt ss=new Sqrt(){
            //匿名类是 abstract 类 sqrt 的一个子类,所以必须要实现 getSqrt 方法
            public double getSqrt(int x){
                return Math.sqrt(x);
            }
        };
        //上转型对象调用子类重写的方法
        double m=ss.getSqrt(5);
        System.out.println(m);
        }
    }
```

假设 Computable 是一个接口,那么,Java 允许直接用接口名和一个类体创建一个匿名对象,此类体被认为是实现了 Computable 接口的类去掉类声明后的类体,称为匿名类。

```
new Computable(){
    实现接口的匿名类的类体
}
```

如果某个方法的参数是接口类型,那么可以使用接口名和类体组合创建一个匿名对象传递给方法的参数,类体必须要实现接口中的全部方法。

例 6.3 有关接口的匿名类的用法。

```
interface Cubic{
    double getCubic(int n);
}
interface Sqrt{
public double getSqrt(int x);
}
class A{
    void f(Cubic cubic){
        double result=cubic.getCubic(3);
        System.out.println(result);
    }
}
public class Example6_3{
    public static void main(String args[]){
        A a=new A();
        a.f(new Cubic(){
            public double getCubic(int n){
                return n*n*n;
            }
```

```
        }
    );
    Sqrt ss=new Sqrt(){
        public double getSqrt(int x){
            return Math.sqrt(x);
        }
    };
    double m=ss.getSqrt(5);
    System.out.println(m);
    }
}
```

3. 图形绘制

（1）Component 类

Component 类是可视组件（如 Panel、TextArea 等）类的父类，在 Component 类中有 paint()、repaint()和 update()方法用于显示与刷新图形。

- paint()方法

public void paint(Graphics g)

该方法无须由程序调用，系统自动调用该方法在组件上进行图形绘制。

- repaint()方法

public void repaint()

public void repaint(int x,int y,int width,int height)

该方法用于刷新组件上的图形，方法中有参数时则刷新指定区域中的图形。当程序调用 repaint()方法时，系统将再次执行 paint()方法，重新绘制组件上的图形。

- update()方法

只调用 paint(Graphics g)方法，在应用程序中一般应重写此方法，以防止不必要的清除背景。

（2）坐标体系

在组件上绘图时的坐标体系为：组件的左上角为起始坐标(0,0)，水平向右方向为 x 轴正方向，垂直向下方向为 y 轴正方向，区域内任何一点的坐标用(x,y)表示，如图 6-4 所示。

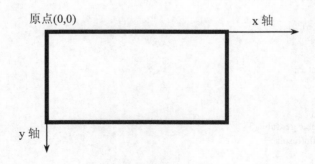

图 6-4 组件坐标体系

（3）Graphics 类

paint 方法中的 Graphics 类无须通过 new 实例化，即可直接使用。其对象可以在该组件坐标系内绘制图形图像等。使用 Graphics 类必须依赖于某个组件，根据用户声明的类与组件类 Component 的关系有两种绘图方式。

第一种：声明类是组件类 Component 的子类

如果声明类是组件类 Component 的子类，则可以重写 paint(Graphics g)方法，通过 Graphics 对象 g 直接在组件上绘图。

第二种：声明类不是组件类 Component 的子类

如果想在组件上绘图，应通过组件调用 getGraphics()方法获得绘图对象 g，然后再通过 g 绘图即可。

- 画直线

drawLine(int x1,int y1,int x2,int y2) 画一条从坐标(x1,y1)到(x2,y2)的直线。

- 画矩形

drawRect(int x1,int y1,int x2,int y2) 画一个左上角坐标为(x1,y1)，宽为 x2，高为 y2 的矩形。

fillRect(int x1,int y1,int x2,int y2) 画一个左上角坐标为(x1,y1)，宽为 x2，高为 y2 的矩形，且矩形内以前景色填充。

drawRoundRect(int x1,int y1,int x2,int y2,int x3,int y3)画一个左上角坐标为(x1,y1)，宽为 x2，高为 y2 的圆角矩形，x3，y3 代表了圆角的宽度和高度。

- 画椭圆

drawOval(int x1,int y1,int x2,int y2) 画一个左上角坐标为(x1,y1)，宽为 x2，高为 y2 的矩形中的内切圆。当宽与高值相同时，画出来的是正圆，不相同时画出来的是椭圆。

fillOval(int x1,int y1,int x2,int y2)画一个左上角坐标为(x1,y1)，宽为 x2，高为 y2 的矩形中的内切圆，且圆内以前景色填充。

- 画弧

drawArc(int x1,int y1,int x2,int y2,int x3,int y3) 该方法画出的弧是椭圆的一部分，前 4 个参数的含义与画椭圆相同，后两个参数中 x3 确定圆弧的起始角（以度为单位），y3 确定圆弧的大小，取正（负）值为沿逆（顺）时针方向画出圆弧。

fillArc((int x1,int y1,int x2,int y2,int x3,int y3) 该方法画出的是扇形。

- 画多边形和折线

drawPolyline(int x[],int y[],int n) 绘制由坐标数组 x 和 y 定义的一系列连接线，每对(x,y)坐标定义一个点。如果第一个点和最后一个点不同，则图形不闭合。n 代表点的总数。

drawPolygon(int x[],int y[],int n) 绘制一个由坐标数组 x 和 y 定义的闭合多边形。每对(x,y)坐标定义一个点。此方法绘制由 n 个线段定义的多边形，其中前面的 n-1 个线段是当 1<=i<=n 时，从(x[i-1],y[i-1])到(x[i],y[i])的线段。如果最后一个点和第一个点不同，则图形会通过在这两个点间绘制一条线段来自动闭合。

- 输出字符或字符串

drawString(String s,int x,int y) 把字符串 s 输出到(x,y)处。

drawChars(char c[],int offset,int number,int x,int y) 把字符数组 c 中从 offset 开始的 number 个字符输出到从(x,y)开始的位置。

drawBytes(byte b[],int offset,int number,int x,int y) 把字符数组 b 中从 offset 开始的 number 个数据输出到从(x,y)开始的位置。

- 擦除

clearRect(int x,int y,int x2,int y2) 用背景色填充矩形，效果相对于橡皮擦。

【任务实施】

（1）遵循 MVC 模式，创建 cn.unit6.tetris.view 包，cn.unit6.tetris.entities 包，cn.unit6.tetris.controller 包，cn.unit6.tetris.test 包。

（2）创建 Shape 类，该类有向左移，向右移，下降，旋转，绘制自身等方法。

```java
package cn.unit6.tetris.entities;
public class Shape {
    public void moveLeft(){
        System.out.println("Shape's moveLeft");
    }
    public void moveRight(){
        System.out.println("Shape's moveRight");
    }
    public void moveDown(){
        System.out.println("Shape's moveDown");
    }
    public void rotate(){
        System.out.println("Shape's rotate");
    }
    public void drawMe(Graphics g){
        System.out.println("Shape's drawMe");
    }
}
```

（3）创建 ShapeFactory 类，该类负责产生各种方块。

```java
package cn.unit6.tetris.entities;
public class ShapeFactory {
    public Shape getShape(){
        System.out.println("ShapeFactory's getShape");
        return new Shape();
    }
}
```

（4）创建 Ground 类，该类将方块变成障碍物，以及将障碍物重绘。

```java
package cn.unit6.tetris.entities;
public class Ground {
    public void accept(Shape shape){
        System.out.println("Ground's accept");
    }
    public void drawMe(Graphics g){
        System.out.println("Ground's drawMe");
    }
}
```

（5）创建 GamePanel 类，该类作为游戏界面，显示方块和障碍物，由于方块和障碍物会发生变化，因此需要方法对方块和障碍物进行重绘。

```java
package cn.unit6.tetris.view;
import javax.swing.JPanel;
import java.awt.Graphics;
public class GamePanel extends JPanel{
    private Ground ground;
    private Shape shape;
    public void display(Ground ground,Shape shape){
        System.out.println("GamePanel's display");
```

```java
            this.ground=ground;
            this.shape=shape;
            this.repaint();
        }
        protected void paintComponent(Graphics g){
            //重新显示
            if(shape!=null && ground!=null){
                shape.drawMe(g);
                ground.drawMe(g);
            }
        }
        public GamePanel(){
            this.setSize(300,300);
        }
    }
```

（6）创建 Controller 类，该类继承按键适配器，实现用户对方块的各种操作。

```java
package cn.unit6.tetris.controller;
import java.awt.event.KeyAdapter;
import java.awt.event.KeyEvent;
import cn.unit6.tetris.entities.Ground;
import cn.unit6.tetris.entities.Shape;
import cn.unit6.tetris.entities.ShapeFactory;
import cn.unit6.tetris.listener.ShapeListener;
import cn.unit6.tetris.view.GamePanel;

public class Controller extends KeyAdapter implements ShapeListener{
    private Shape shape;
    private ShapeFactory shapeFactory;
    private GamePanel gamePanel;
    private Ground ground;

    public void keyPressed(KeyEvent e){
        switch(e.getKeyCode()){
            case KeyEvent.VK_UP:
                if(ground.isMoveable(shape, Shape.ROTATE))
                    shape.rotate();
                break;
            case KeyEvent.VK_DOWN:
                if(ground.isMoveable(shape, Shape.DOWN))
                    shape.moveDown();
                break;
            case KeyEvent.VK_LEFT:
                if(ground.isMoveable(shape, Shape.LEFT))
                    shape.moveLeft();
                break;
            case KeyEvent.VK_RIGHT:
                if(ground.isMoveable(shape, Shape.RIGHT))
                    shape.moveRight();
                break;
        }
        gamePanel.display(ground,shape);
    }
    public void newGame(){
        shape=shapeFactory.getShape(this);
    }
```

```
        public Controller(ShapeFactory shapeFactory,Ground ground,GamePanel gamePanel){
            this.shapeFactory=shapeFactory;
            this.ground =ground;
            this.gamePanel=gamePanel;
        }
    }
```

【任务小结】

本任务主要对俄罗斯方块的主体框架进行了搭建。根据系统的分析与设计,创建了游戏中的五个核心类。

【思考与习题】

1. 如何实现方块的定时下落。
2. 如何描述不同形状的方块。

任务三　方块产生与自动下落

【任务描述】

俄罗斯方块游戏中有七种不同形状的方块,每种方块还可以进行旋转变形产生不同的状态,这些都需要在程序中描述。同时,方块的自动下落功能也需要实现。

本任务的关键点是:
- 方块不同形状、不同状态的程序描述。
- 方块自动下落功能的实现。

【任务分析】

本任务中主要完成方块不同形状、不同状态的程序描述及方块主要功能的实现。方块的形状与状态需要多个数值进行描述,要用到多维数组。方块的定时下落功能需要由多线程负责实施。

【预备知识】

1. 多维数组

在 Java 中,多维数组(multidimensional arrays)是由若干行和若干列组成的数组。在人们工作、生活与学习中,所使用的二维表格、矩阵、行列式等,都可以表示成多维数组。

例如:

Int D[ ][ ]=new int[3][4];

该语句声明并创建了一个 3 行 4 列的数组 D。这个数组在逻辑上可以表示成一个 int 类型的矩阵。

$$D=\begin{Bmatrix} 25 & 53 & 67 & 19 \\ 38 & 65 & 90 & 77 \\ 12 & 83 & 44 & 92 \end{Bmatrix}$$

也就是说,这个数组在逻辑上可以表示为:

D[0][0]　　D[0][1]　　D[0][2]　　D[0][3]

```
D[1][0]    D[1][1]    D[1][2]    D[1][3]
D[2][0]    D[2][1]    D[2][2]    D[2][3]
```

上述表示只是逻辑上的表示，因为在 Java 中只有一维数组，不存在"二维数组"的明确结构。其根本原因是计算机存储器的编址是一维的，即存储单元的编号从 0 开始一直连续编到一个最大的编号。

例 6.4　声明一个二维数组，为数组中的每个元素赋值，并输出数组的值。

```
class Example6_4{
    pubic static void main(String args[ ]){
        int D[ ][ ]=new int[4][5];
        int i,j,k=0;

        for(i=0,i<4;i++)
            for(j=0;j<5;j++){
                D[i][j]=k;
                k++;
            }

        for(i=0;i<4;i++{
            for(j=0;j<5;j++
                System.out.print(twoD[i][j]+" ");
                System.out.println();
        }
    }
}
```

程序运行结果如下：

```
0   1   2   3   4
5   6   7   8   9
10  11  12  13  14
15  16  17  18  19
```

2. 多线程

（1）多任务与多线程

多任务是计算机操作系统同时运行几个程序或任务的能力。比如：在网上与好友聊天的同时，还在播放音乐，这两个程序同时运行。严格地说来，一个单 CPU 计算机在任何给定的时刻只能执行一个任务。然而操作系统可以在很短的时间内在各个程序（进程）之间进行切换，这样看起来就好像计算机在同时执行多个程序，如图 6-5 所示。

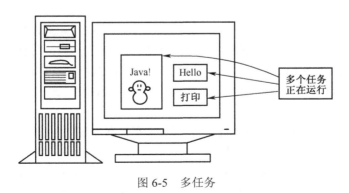

图 6-5　多任务

可以再把这种并发执行多个任务的想法向前推进一步：为什么不能让一个程序具备同时执行不

同任务的能力呢？这种能力就称做多线程，并且这种能力已嵌入到各种流行的操作系统之中。

究竟什么是线程呢？线程是指进程中单一顺序的执行流。线程共享相同的地址空间并共同构成一个大的进程，如图 6-6 所示，每个线程彼此独立，但和公共数据区线程间的通信非常简单且有效，上下文切换非常快，它们是同一个进程中的两部分之间所进行的切换。每个线程彼此独立执行，一个程序可以同时使用多个线程来完成不同的任务。一般用户在使用多线程时并不需要考虑底层处理的详细细节。例如：

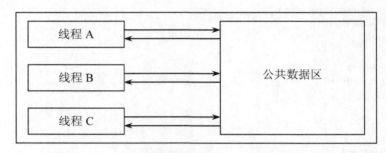

图 6-6　每个线程彼此独立，但有公共数据区

1）一个 web 浏览器一边下载数据一边显示已到达的数据。这是因为有一个线程在执行下载数据并且通知另一个线程有更多的数据已经到达，另一个线程则整理和显示已到达的信息。

2）许多编辑器能够实时检查英文拼写错误，即当用户输入字符时，该编辑器能够自动分析文本和标出错误的单词。这是因为有一个线程在接受键盘输入并以适当格式显示在屏幕上，而另一个线程在"读入"输入的文本，分析并标记出错误的部分。功能更强的编辑器还可以进行语法检查。

多线程是实现开发机制的一种有效手段，多线程程序是指一个程序中包含有多个执行流。

从逻辑的观点来看，多线程意味一个程序的多行语句同时执行，但是多线程并不等于多次启动一个程序，操作系统也不把每个线程当作独立的进程来对待。因此如果很好地利用线程，可以大大简化应用程序设计。

从计算机原理的观点来看，每个线程都有自己的堆栈和程序计数器（PC）。可以把程序计数器设想为用于跟踪线程在执行的指令。而堆栈用于跟踪线程的上下文（上下文是当线程执行到某处时，当前局部变量的值）。可以在线程之间传递数据，但一般不能让一个线程访问另一个线程的栈变量。

例如，在传统的单进程环境下，用户必须等待一个任务完成后才能进行下一个任务。即使大部分时间空闲，也只能按部就班的工作。而多线程可以避免引起用户的等待。又例如，传统的并发服务器是基于多线程机制的。每个客户需要一个进程，而进程的数目受操作系统限制。基于多线程的开发服务器，每个客户一个线程，多个线程可以并发执行。进程与多线程的区别，如图 6-7 所示。

从图中可以看到，多任务状态下各进程的内部数据和状态都是完全独立的，而多线程是共享一块内存空间和一组系统资源，有可能互相影响。

不少程序设计语言都提供对线程的支持，同这些语言相比，Java 的特点是从最底层开始就对线程提供支持。在 Java 编程中，每实例化一个线程对象，就创建一个虚拟的 CPU，由虚拟 CPU 处理本线程数据。

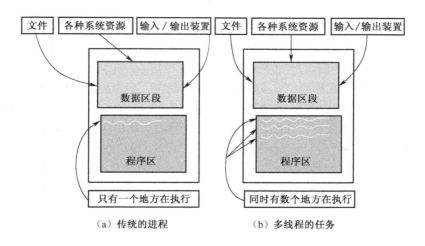

图 6-7　进程与多线程的区别

每个 Java 程序都有一个主线程，即由 main() 方法所对应的线程。对于 Applet，浏览器即是主线程。除主线程外，线程无法自行启动，必须通过其他程序来启动。

Java 的类可以对它的线程进行控制。确定哪个线程具有较高的优先级，哪个线程具有访问其他类的资源的权限，哪个应该执行，哪个应该"休眠"等。

（2）线程的生命周期

每个线程都要经历创建、就绪、运行、阻塞和死亡等 5 个状态，线程从产生到消失的状态变化过程称为生命周期，如图 6-8 所示。

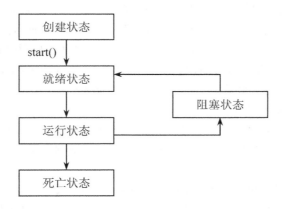

图 6-8　线程的生命周期

1）创建状态

通过 new 命令创建一个线程对象，如下面语句所示。

Thread thread1=new Thread();

创建状态是线程已被创建但未开始执行的一个特殊状态。此时线程对象拥有自己的内存空间，但没有分配 CPU 资源，需要通过 start() 方法调度进入就绪状态等待 CPU 资源。

2）就绪状态

处于创建状态的线程对象通过 start() 方法进入就绪状态，如下面语句所示。

```
Thread threadl=new Thread()
Threadl start();
```

start()方法同时调用了线程体,也就是 run()方法。表示线程对象正等待 CPU 资源,随时可被调用执行,处于就绪状态的线程已经被放到某一队列中等待系统为其分配对 CPU 的控制权。至于何时能真正的执行,取决于线程的优先级以及队列当前状况。线程依据自身优先级进入等待队列的相应位置。如果线程的优先级相同,将遵循"先来先服务"的调度原则。如果某些线程具备较高的优先级,这些较高优先级的线程一旦进入就绪状态,将抢占当前正在执行的线程处理器资源,当前线程只能重新在等待队列中寻找自己的位置,休眠一段时间,等待这些具有较高优先级的线程执行完自己的任务之后,被某一事件唤醒。一旦被唤醒,这些线程就开始抢占处理器资源。

优先级高的线程通常用来执行一些关键性任务和一些紧急任务,如系统事件的响应和屏幕显示。低优先级线程往往需要等待更长的时间才有机会运行。由于系统本身无法终止高优先级线程的执行,因此,如果程序中用到了优先级较高的线程对象,那么最好不时地让这些线程放弃对 CPU 资源的控制权,例如使用 sleep()方法,休眠一段时间,以便其他线程能够有机会运行。

3)运行状态

当线程处于正在运行的状态,表示线程已经拥有了对处理器的控制权。其代码目前正在运行,除非运行过程中控制权被另一优先级更高的线程抢占,否则这一线程将一直持续到运行完毕。

一个线程在以下情形下将释放对 CPU 资源的控制权,进入不可运行状态:

①主动或被动地释放对 CPU 资源的控制权。此时。该进程再次进入等待队列,等待其他高优先级或同等优先级的线程执行完毕。

②线程调用了 yield()或 sleep()方法。sleep()方法的参数为休眠时间。当这个时间过去后,线程即为可运行的。线程调用了 sleep()方法后,不但给同优先级的线程一个可执行的机会,对于低优先级的线程,同样也有机会获得执行。但对于 yield()方法,只给相同优先级的线程一个可执行的机会。如果当前系统中没有同优先级的线程,yield()方法调用不会产生任何效果。当前线程继续执行。

③线程被挂起,即调用了 suspend()方法。该线程需由其他线程调用 resume()方法来恢复执行。suspend()方法和 resume()方法已经在 JDK2 中作废。但可以用 wait()和 notify()达到同样的效果。

④为等候一个条件变量,线程调用了 wait()方法:如果要停止等待的话,需要包含该条件变量的对象调用 notify()和 notifyAll()方法。

⑤输入/输出流中发生线程阻塞。由于当前线程进行 I/O 访问,外存读写,等待用户输入等操作,导致线程阻塞。阻塞消失后,特定的 I/O 指令将结束这种不可运行状态。

4)阻塞状态

如果一个线程处于阻塞状态,那么该线程就无法进入就绪队列。处于阻塞状态的线程必须由某些事件唤醒。至于是何种事件,取决于阻塞发生的原因。例如:处于休眠中的线程必须被阻塞固定一段时间方能被唤醒;被挂起或处于消息等待状态的线程则必须由一个外来事件唤醒。

5)死亡状态

死亡状态(或终止状态),表示线程已退出运行状态,并且不再进入就绪队列。其原因可能是线程已执行完毕(正常结束),也可能是该线程被另一线程强行中断,即线程自然撤销或被停止。自然撤销是从线程的 run()方法正常退出。即当 run()方法结束后,该线程自然撤销。调用 stop()方法可以强行停止当前线程。但这个方法已在 JDK2 中作废,应当避免使用。如果需要线程死亡,可以进行适当的编码触发线程提前结束,如使用 run()方法使其自行消亡。简单归纳一下,一个线程的生命周期一般经过如下步骤：

①一个线程通过 new()操作实例化后。进入新生状态。

②通过调用 start()方法进入就绪状态。一个处在就绪状态的线程将被调度执行，执行该线程相应的 run()方法中的代码。

③通过调用线程的（或从 Object 类继承过来的）sleep()或 wait()方法，这个线程进入阻塞状态。一个线程也可能自己完成阻塞操作。

④当 run()方法执行完毕，或者有一个例外产生，亦或执行了 System.exit()方法，则一个线程就进入死亡状态。

（3）线程的优先级

Java 提供一个线程调度器来临时启动进入就绪状态的所有线程。线程调度器按照线程的优先权决定应调度哪些线程开始执行，具有高优先级的线程会在较低优先级的线程之前得到执行。同时，线程的调度又是抢先式的，如果在当前线程的执行过程中，一个具有更高优先级的线程进入就绪状态，则这个高优先级的线程将立即被调度执行。

在抢先式的调度策略下，执行方式又分为时间片方式和非时间片方式（独占式）。

在时间片方式下，当前活动线程执行完当前时间片后，如果有处于就绪状态的其他相同优先级的线程，系统将执行权交给其他处于就绪状态的同优先级线程，当前活动线程转入等待执行队列，等待下一个时间片的调度。一般情况下，这些转入等待的线程将加入等待队列的末尾。

在独占方式下，当前活动线程一旦获得执行权，将一直执行下去，直到执行完成或由于某种原因主动放弃执行权，亦或是有一更高优先级的线程处于就绪状态。并不是所有系统在运行程序时都采用时间片策略来调度线程，所以一个线程在空闲时应该主动放弃执行权，以使其他同优先级和低优先级的线程得到执行。

线程的优先级用数字表示。范围是 1～10，即从 Thread.MIN_PRIORITY 到 Thread.MAX_PRIORITY。一个线程的默认优先级是 5，即 Thread.NORMAL_PRIORITY。可以通过 getPriority()方法来得到线程的优先级。同样也可以通过 setPriority()方法在线程被创建之后的任意时间改变线程的优先级。

（4）线程的使用方法

在 Java 中，可采用两种方式产生线程：

①通过创建 Thread 类的子类来构造线程。Java 定义了一个直接从根类 Object 中派生的 Thread 类。所有从这个类派生的子类或间接子类，均为线程。

②通过实现一个 Runnable 接口的类来构造线程。

1）创建 Thread 子类构造线程

可以通过继承 Thread 类，建立一个 Thread 类的子类并重新设计（重载）其 run()方法来构造线程。

要创建和执行一个线程需完成下列步骤：

①创建一个 Thread 类的子类；

②在子类中重新定义自己的 run()方法，这个子类中包含了线程要实现的操作；

③用关键字 new 创建一个线程对象；

④调用 start()方法启动线程。

线程启动后执行 run()方法，run()方法完毕时，自然进入终止状态。

例 6.5 创建两个 Thread 类的子类，然后在另一个类中建立这两个 Thread 类的对象来测试它，看具体会发生什么现象。

```
/*创建第一个子线程类 ThreadFirst*/
class ThreadFirst extends Thread
{
  public void run()
  {
    System.out.println(currentThread().getName()+"Thread started:");
    for(int i=0;i<6;i++){
      System.out.println(currentThread(). getName()+":i="+i+"\n");
      try{sleep(500);}catch(InterruptedException e){}
    }
  }
}
/*创建第二个子线程类 ThreadSecond*/
class ThreadSecond extends Thread
{
  public void run()
  {
    System.out.println(getName()+"Thread started:");//注意与第 6 行比较
    for(int i =0;i<6;i++){
      System.out.print(getName()+";aaa"+i+"\n");
      try{sleep(300);}catch(InterruptedException e){}
    }
  }
}
/*下面再构造另一个类，在它的 main()方法中创建并启动两个线程对象。*/
public class Example6_5
{
  public static void main(String [ ]args)
  {
    System.out.println("Starting ThreadTest");
    ThreadFirst threadl = new threadFirst();
    thread1.start();
    ThreadSecond thread2=new ThreadSecond();
    thread2.start();
    for(int i   =0;i<10;i++)
      System.out.print("main()"+";i="+i+"\n");
  }
}
```

[程序说明]

在运行 Example6_5 类后，可以发现每次执行它时会产生不同的结果，因为它无法准确地控制什么时候执行哪个线程，读者可以多次执行这个程序，观察其效果，如图 6-9 所示。

对于程序员来说，在编程时要注意给每个线程执行的时间和机会，主要是通过让线程睡眠的办法（调用 sleep()方法）来让当前线程暂停执行，然后由其他线程来争夺执行的机会。如果上面的程序中没有用到 sleep()方法。那么就是第一个线程先执行完毕，然后第二个线程再执行。

这个例子说明两个线程在相互独立的运行，实际不止两个线程，而是 3 个线程：两个线程是在 main()方法中创建的，还有一个线程在运行 main()方法，它负责启动每个线程，并运行自己的一个循环。

图 6-9　运行线程结束

这个例子说明了几个事实：

①创建独立执行线程比较容易，Java 负责处理了大部分细节。

②各线程并发运行，共同争抢 CPU 资源，线程抢夺到 CPU 资源后，就开始执行，无法准确知道某线程能在什么时候开始执行。

③线程间的执行是相互独立的。

④线程独立于启动它的线程（或程序）。

有几种方法可以暂停一个线程的执行，在适当的时候再恢复其执行。

- sleep()方法

该方法指定线程休眠一段时间。如下面语句所示：

```
Thread thread1=new Thread();
thread1.start();
try{thread1.sleep(2000);}
catch(InterruptedException e){}
```

上例通过调用 sleep()方法使 thread1 线程休眠了 2s（2000ms），这时即使 CPU 空闲，也不能执行该线程。严格地说，并不是 thread1 线程休眠，而是让当前正在运行的线程休眠。

通常线程休眠到指定的时间后，不会立刻进入执行状态。而是可以参与调度执行。这是因为当前线程在运行时，不会立刻放弃 CPU，除非这时有高优先级的线程参与调度，或者是当前线程主动退出，使其他线程有执行的机会。时间片方式只适合在一定时间内完成一个动作的线程。为了达到这种定期调度的目的。线程 run()方法的主循环中应包含一个定时的 sleep()调用。这个调用确保余下的循环体以固定的时间间隔执行。

- yield()方法

暂时终止当前正在执行线程对象的运行。若存在其他同优先级线程，则随机调用下一个同优先级线程。如果当前不存在其他同优先级线程，则这个被中断的线程继续。显然这个方法可以保证 CPU 不空闲。而 sleep()方法则有可能浪费 CPU 时间，如：当所有线程都处于休眠状态时 CPU 什么也不做。

- wait()和 notify()方法

wait()方法使线程进入等待状态。直到被另一线程唤醒。notify()方法把线程状态的变化通知并唤醒一等待线程。

2)实现 Runnable 接口构造线程

Runnable 接口是在程序中使用线程的另一种方法。在许多情况下,一个类已经扩展了 Frame 或 Applet,因而这样的类就不能再继承 Thread。Runnable 接口为一个类提供了一种手段,无须扩展 Thread 类就可以执行一个新的线程或者被一个新的线程控制。这就是通过建立一个实现了 Runnable 接口的对象,并以它作为线程的目标对象来构造线程。它打破了单一继承方式的限制。

Java 源码中,Runnable 接口只包含了一个抽象方法,其定义如下:

```
public interface Runnable
{
    public abstract void run();
}
```

所有实现了 Runnable 接口的类的对象都可以以线程方式执行。这种 Runnable 接口构造线程的方法是要在一个类中实现 public void run 方法,并且建立一个 Thread 类的域。当实例化一个线程时,这个线程本身就会作为参数。将它的 run()方法与 Thread 对象联系在一起,这样就可以用 start()和 sleep()方法来控制这个线程。

实现 Runnahle 接口类的一般框架如下:

```
[修饰符]class 类名[extends 超类名]implements Runnable[,其他接口]
{
    Thread T;
    public void run()
    {
        /*run()方法代码*/
    }
}
```

使用 Runnable 接口,一个类可以避开单继承,去继承另一个类,同时使用多个线程。为了实现 Runnable 对象的线程,可使用下列方法来生成 Thread 对象:

Thread(Runnable 对象名);
Thread(Runnable 对象名,String 线程名);

例 6.6 创建一个实现 Runnable 接口的线程类,并构造另一个类,在其中建立两个线程对象来测试,看具体会发生什么现象。

```
/*构造一个实现 Runnable 接口的类*/
class ThreadCounting implements Runnable//实现接口
{
    public void run()
    {
        for(int i=0;i<10;i++){
            System.out.print(Thread.currentThread().getName()+":i="+i+"\n");
            try{Thread.sleep(200);}
            catch(InterruptedException e){System.out.print(e);}
        }
    }
}
/*下面再构造另一个类,在它的 main()方法中创建并启动两个线程对象。*/
public class Example:6_6
{
    public static void main(String[]args){
        System.out.println("Starting ThreadTest");
        ThreadCounting t=new ThreadCounting();
        Thread thread1=new Thread(t,"t1");   //线程体为 t,线程名为 t1
        Thread thread2=new Thread(t,"t2");   //线程体为 t,线程名为 t2
```

```
        threadl start();        //启动线程
        thread2.atart():        //启动线程
        for(int i=0;i<10;i++)
            System.out.print ("main()"+":i="+i+"\n");
        }
    }
```

程序运行结果如图 6-10 所示。

图 6-10 程序运行结果

两种实现多线程方式的比较：

通过建立 Thread 子类和实现 Runnable 接口都可以创建多线程，那么在作用上它们有什么区别呢？来看下面这个例子。

例 6.7 用 Thread 子类程序来模拟航班售票系统，实现 4 个售票窗口发售某班次航班的 100 张机票，一个售票窗口用一个线程来表示。

```
/*构造一个 Thread 子类，模拟航班售票窗口*/
class Threadsale extends Thread
{
    int tickets=100;
    public void run()
    {
        while(true)
        {
            if(tickets>0)
                System.out .println(getName()+"售机票第"+tickets--+"号");
            else
                System.exit(0);;
        }
    }
}
/*再构造另一个类，在它的 main()方法中创建并启动 4 个线程对象。*/
public class Example:6_7
{
    public static void main(String[] args) {
        Threadsale t1=new Threadsale();
        Threadsale t2=new Threadsale();
        Threadsale t3=new Threadsale();
        Threadsale t4=new Threadsale();
```

```
            t1.start();
            t2.start();
            t3.start();
            t4.start();
        }
    }
```

程序运行结果如图 6-11 所示。

图 6-11 Thead 子类程序模拟航班售票

[程序说明]

从图 6-11 中可以看到,每张机票被卖了 4 次。即 4 个线程各自卖了 100 张机票,而不是去卖共同的 100 张机票。为什么会这样呢?我们需要的是,多个线程去处理同一资源,一个资源只能对应一个对象,在上面的程序中,创建了 4 个 Threadsale 对象,每个 Threadsale 对象中都有 100 张机票,每个线程都在独立地处理各自的资源。

例 6.8 用 Runnable 接口程序来模拟航班售票系统,实现 4 个售票窗口发售某班次航班的 100 张机票。一个售票窗口用一个线程来表示。

```
/*构造一个 Runnable 接口类,模拟航班售票窗*/
class Threadsale implements Runnable
{
    int tickets=100;
    public void run()
    {
        while(true)
        {
            if(tickets>0)
                System.out.println(Thread.currentThread().getName()+"售机票第"+
                    tickets--+"号");
            else
                System.exit(0);
        }
    }
}
/*再构造另一个类,在它的 main()方法中创建并启动 4 个线程对象。*/
public class Example6_8
{
```

```
    public static void main(String[ ]args)
    {
        Threadsale t=new Threadsale();//实例化线程
        Thread t1 =new Thread(t,"第 1 售票窗口");
        Thread t2 =new Thread(t,"第 2 售票窗口");
        Thread t3 =new Thread(t,"第 3 售票窗口");
        Thread t4 =new Thread(t,"第 4 售票窗口");
        t1.start();
        t2.start();
        t3.start();
        t4.start();
    }
}
```
程序运行结果如图 6-12 所示。

图 6-12　Runnable 接口程序模拟航班售票

[程序说明]

在上面的程序中，创建了 4 个线程，每个线程调用的是同一个 Threadsale 对象中的 run()方法，访问的是同一个对象中的变量（tickets）的实例。因此，这个程序能满足售票要求。通过上面两个例子的比较，可以看出 Runnable 接口适合处理多个线程处理同一资源的情况，并且可以避免由于 Java 的单继承性带来的局限。

例 6.9　设计一个多线程的应用程序，模拟一个台子上有多个弹子在上面滚动。"弹子"在碰到"台子"的边缘时会被弹回来，如图 6-13 所示。

```
import java.awt.*;
import java.awt.event.*;
/*定义弹子类*/
class Marble extends Thread
{
    Table table =null;
    int x,y，xdir，ydir;
    public Marble(Table _table，int _x，int _y，int _xdir，int _ydir)
    {
        table=_table;                    //使用该参数，是为了能获取到窗口的大小
        x=_x;                            //x 坐标
        y=_y;                            //y 坐标
```

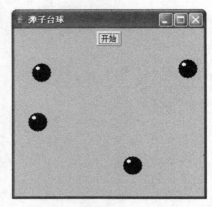

图 6-13 "弹子"在碰到"台子"的边缘被弹回来

```
        xdir=_xdir;                           //x 方向速度
        ydir=_ydir;                           //y 方向速度
    }

    public void run()
    {
        wbile(true)
        {
            if((x>(table.getSize().width)-25) || (x<0))
                xdir=(-1);                    //超过台子 x 方向边界后,反方向运行
            if((y>(table.getSize().width)  -25)   ||(y<0))
                ydir*=(-1);                   //超过台子 y 方向边界后,反方向运行
            x+=xdir;                          //坐标递增,-实现移动
            y+=ydir;
            try{sleep(30);                    //延时时间(I/刷新率)
            }catch(Interrupted}Exception e)
            {System.err .println("thread interrupted");}
            table repaint();                  //重绘图形
        }
    }

    public void draw(Graphics g)
    {
        g. setColor(Color.black);             //弹子为黑色
        g. fillOvaF{x,y,30,30);               //画圆
        g.setColor(Color.white);              //弹子上的亮点为白色
        g.fillOyal(x+5,y+5,8,6);
    }
}

/*定义球台类*/
class Table extends Frame implements ActionListener
{
    Button start =new Button("开始");
    Marble marbles[ ]=new Marble[5]           //建立弹子线程类对象数组
    int v=2                                   //速度最小值
    public Table()
    {
        super("弹子台球");
```

```
        setSize(300,300);
        setBackground(Color.cyan){          //背景
        setVisible(true);
        setLayout(newFlowLavout());
        add(start);
        start，addActionListener(this);
        validate();
        addWindowListener(new WindowAdapter()
        {
        public void windowClosing(WindowEvent e)
        {System.exit(0);}
        } ;
    }

    public void actionPerformed(ActionEvent ae)
    {
        for(int i=0;   i<marbles. length;i++)
        {//随机产生弹子的速度和坐标
        int xdir=i*(1-i*(int)Math.round(Math.random()))+v;
        int ydir=i *(1-i *(int)Math round(Math.random()))+v;
        int x=(int)(getSize().Width*Math.randow());
        int y =(int)(getSize().height *Marh.random());
        //实例化弹子线程对象
        marbles[i]=new Marble(this,x,y,xdir,ydir);
        marbles[i].start();
        }
    }
    public void paint(Gaphics g)
    {
        for(int i=0;i<marbles.lengh;i++)
        if(marbles[i]!=null)
        marbles[i].draw(g);
    }
}

/*定义主类*/
public class Example6_9
{
    public static void main(String args[ ])
    {
        Table table=new Table();
    }
}
```

[程序说明]

① 在程序的第 4~41 行，建立了一个"弹子"Marble 类，它是 Thread 类的子类，负责控制自身的移动。

② 在"弹子"Marble 类中，设两个变量 x，y，作为弹子的当前坐标。为了移动弹子到一个新的 x，y 坐标，在每个线程的 run()方法的第 25、26 行重新计算它的坐标，使它产生移动效果。

③ 由于有多个要移动的弹子。所以在每个线程的 run()方法中均调用 sleep()方法，这样就可以让出时间使系统去移动其他的弹子。

④ 为了保证"弹子"在碰到台子的边缘时弹回来，需要知道台子的大小，因而在第 9 行的构造

函数中，把"台子"对象作为参数，以便把其宽和高的值传过来。

⑤在第 21～23 行检查"弹子"是否超出了"台子"的范围，如果超出，则使弹子朝相反方向运动，也就是改变相应坐标的符号。实现了弹子的"弹回"。

⑥第 34～40 行的 draw()方法，为一个线程绘制了一个带亮点的弹子。

⑦在程序的第 44～85 行，建立了一个"弹子球台"Table 类，在它的窗体中显示"弹子"。

⑧在第 47 行，建立了一个弹子线程类对象数组 marbles[]，在第 75、76 行用循环逐个实例化弹子线程对象，并启动线程。第 70～73 行，随机产生弹子的坐标和弹子在 x、y 方向的移动量（速度），通过线程对象的构造函数传递到"弹子"Marble 类。

⑨要使每个弹子能在窗体上独立显示，但是没有一个图形对象可供绘图。为了解决这一问题，在第 79～84 行从 Table 的 paint()方法中传递一个图形对象到各个弹子类的 draw()方法中，在那里画出弹子。

⑩由于线程启动后。会不断地改变弹子的坐标。而真正完成绘图的方法是 Table 类的 paint()方法。为了反映出动态图形变化，在 Marble 类的 run()方法中通过调用 Table 类的 repaint()方法来刷新画面（程序的第 30 行）。

⑪最后，用一个带 main()方法的主类 Example6_9 调用 Table 类，使之能独立运行。

3．Random 类

Random 类位于 java.util 包内，也是程序设计中的常用工具类之一，其主要实现产生随机数。

Random 类中实现的随机算法是伪随机，也就是有规则的随机。在进行随机时，随机算法的起源数字称为种子数（seed），在种子数的基础上进行一定的变换，从而产生需要的随机数字。

相同种子数的 Random 对象，相同次数生成的随机数字是完全相同的。也就是说，两个种子数相同的 Random 对象，第一次生成的随机数字完全相同，第二次生成的随机数字也完全相同。这点在生成多个随机数字时需要特别注意。

Random 类包含两个构造方法，下面依次进行介绍：

（1）public Random()

该构造方法使用一个和当前系统时间对应的相对时间有关的数字作为种子数，然后使用这个种子数构造 Random 对象。

（2）public Random(long seed)

该构造方法可以通过指定一个种子数进行创建。

示例代码：

```
Random r = new Random();
Random r1 = new Random(10);
```

再次强调：种子数只是随机算法的起源数字，和生成的随机数字的区间无关。

Random 类中的方法比较简单，每个方法的功能也很容易理解。需要说明的是，Random 类中各方法生成的随机数字都是均匀分布的，也就是说区间内部的数字生成的几率是均等的。下面对这些方法做基本的介绍：

- public boolean nextBoolean()

该方法的作用是生成一个随机的 boolean 值，生成 true 和 false 的值几率相等，都是 50%的几率。

- public double nextDouble()

该方法的作用是生成一个随机的 double 值，数值介于[0,1.0)之间。

- public int nextInt()

该方法的作用是生成一个随机的 int 值，该值介于 int 的区间，也就是 -2^{31} 到 $2^{31}-1$ 之间。

如果需要生成指定区间的 int 值，则需要进行一定的数学变换，具体可以参看下面的使用示例中的代码。

- public int nextInt(int n)

该方法的作用是生成一个随机的 int 值，该值介于[0,n)的区间，也就是 0 到 n 之间的随机 int 值，包含 0 而不包含 n。

如果想生成指定区间的 int 值，还需要进行一定的数学变换，具体可以参看下面使用示例中的代码。

- public void setSeed(long seed)

该方法的作用是重新设置 Random 对象中的种子数。设置完种子数以后的 Random 对象和相同种子数使用 new 关键字创建出的 Random 对象相同。

使用 Random 类，一般是生成指定区间的随机数字，下面就介绍如何生成对应区间的随机数字。

以下生成随机数的代码均使用以下 Random 对象 r 进行生成：

```
Random r = new Random();
```

（1）生成[0,1.0)区间的小数

```
double d1 = r.nextDouble();
```

直接使用 nextDouble 方法获得。

（2）生成[0,5.0)区间的小数

```
double d2 = r.nextDouble() * 5;
```

因为 nextDouble 方法生成的数字区间是[0,1.0)，将该区间扩大 5 倍即是要求的区间。

同理，生成[0,d)区间的随机小数，d 为任意正的小数，则只需要将 nextDouble 方法的返回值乘以 d 即可。

（3）生成[1,2.5)区间的小数

```
double d3 = r.nextDouble() * 1.5 + 1;
```

生成[1,2.5)区间的随机小数，只需要首先生成[0,1.5)区间的随机数字，然后将生成的随机数区间加 1 即可。

同理，生成任意非从 0 开始的小数区间[d1,d2)范围的随机数字（其中 d1 不等于 0），则只需要首先生成[0,d2-d1)区间的随机数字，然后将生成的随机数字区间加上 d1 即可。

（4）生成任意整数

```
int n1 = r.nextInt();
```

直接使用 nextInt 方法即可。

（5）生成[0,10)区间的整数

```
int n2 = r.nextInt(10);
n2 = Math.abs(r.nextInt() % 10);
```

以上两行代码均可生成[0,10)区间的整数。

第一种实现使用 Random 类中的 nextInt(int n)方法直接实现。

第二种实现中，首先调用 nextInt()方法生成一个任意的 int 数字，该数字和 10 取余以后生成的数字区间为(-10,10)，然后再对该区间求绝对值，得到的区间就是[0,10)了。

同理，生成任意[0,n)区间的随机整数，都可以使用如下代码：

```
int n2 = r.nextInt(n);
```

n2 = Math.abs(r.nextInt() % n);

（6）生成[0,10]区间的整数

int n3 = r.nextInt(11);

n3 = Math.abs(r.nextInt() % 11);

相对于整数区间，[0,10]区间和[0,11)区间等价，所以即生成[0,11)区间的整数。

（7）生成[-3,15)区间的整数

int n4 = r.nextInt(18) - 3;

n4 = Math.abs(r.nextInt() % 18) - 3;

生成非从 0 开始区间的随机整数，可以参看上面非从 0 开始的小数区间实现原理的说明。

【任务实施】

（1）定义图形及其不同状态。

游戏中是不同形状的方块在游戏面板的不同位置移动，可以将游戏面板看为由 20*10 的小方格组成。如图 6-14 所示，面板的原点坐标在左上角，水平向右为 X 轴正方向，垂直向下为 Y 轴正方向。在下方的小方格代表障碍物，不同的小方格也可以表示不同的方块以及它们的不同状态。

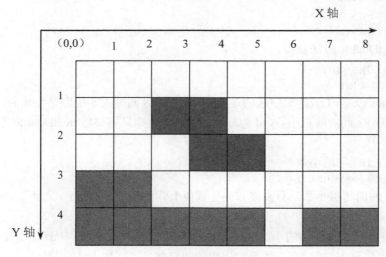

图 6-14 游戏面板坐标

方块用 4*4 的小方格组成的方阵表示。4*4 的小方格方阵不但能够表示七种不同的图形，还以表示方块旋转时的不同状态。使用 0 或 1 表示 16 个小方格不同状态用于存储方块的状态。要存储这 16 个小方格的状态，需要使用到数组。如图 6-15 所示的状态，使用数组 {1,0,0,0, 1,1,1,1, 0,0,0,0, 0,0,0,0} 表示。

1	0	0	0
1	1	1	1
0	0	0	0
0	0	0	0

1	1	0	0
1	0	0	0
1	0	0	0
1	0	0	0

1	1	1	1
0	0	0	1
0	0	0	0
0	0	0	0

0	1	0	0
0	1	0	0
0	1	0	0
1	1	0	0

图 6-15 L方块

若要表示 L 方块的四种不同状态，使用二维数组{{1,0,0,0, 1,1,1,1, 0,0,0,0, 0,0,0,0},{1,1,0,0, 1,0,0,0, 1,0,0,0, 1,0,0,0},{1,1,1,1, 0,0,0,1, 0,0,0,0, 0,0,0,0},{0, 1,0,0, 0, 1,0,0, 0, 1,0,0, 1,1 ,0,0 }}表示。

1）修改 Shape 类，添加方块的定义。

```java
public class Shape {
    private int[][] body;
    private int status;
    public void setBody(int body[][]){
        this.body=body;
    }
    public void setStatus(int status){
        this.status=status;
    }
}
```

2）修改 ShapeFactory 类，添加方块的状态。

```java
public class ShapeFactory {
    private int shapes [][][]=new int [][][]{
        {
            {1,0,0,0, 1,1,1,1,
            0,0,0,0, 0,0,0,0},

            {1,1,0,0, 1,0,0,0,
            1,0,0,0, 1,0,0,0},

            {1,1,1,1, 0,0,0,1,
            0,0,0,0, 0,0,0,0},

            {0,1,0,0, 0,1,0,0,
            0,1,0,0, 1,1,0,0}
        }
    };
    public Shape getShape(ShapeListener listener){
        Shape shape=new Shape();
        shape.addShapeListener(listener);
        int type=new Random().nextInt(shapes.length);
        shape.setBody(shapes[type]);
        shape.setStatus(0);
        return shape;
    }
}
```

（2）创建 ShapeListener 接口，该接口对方块自动下落方法进行定义。

```java
package cn.unit6.tetris.listener;
public interface ShapeListener {
    void shapeMoveDown(Shape shape);
}
```

（3）修改 Shape 类，定义 ShapeListener 监听器，定义多线程，实现方块自动下降。

```java
public class Shape {
    private ShapeListener listener;
    //内部类实现多线程接口，方块每隔1秒自动落下
    private class ShapeDriver implements Runnable{
        public void run() {
```

```java
            while(true){
                moveDown();
                listener.shapeMoveDown(Shape.this);
                try {
                    Thread.sleep(1000);
                } catch (Exception e) {
                    e.printStackTrace();
                }
            }
        }
    }
    //当 Shape 类实例化时启动该线程
    public Shape(){
        new Thread(new ShapeDriver()).start();
    }
    //定义添加监听的方法
    public void addShapeListener(ShapeListener l){
        if(l !=null){
            this.listener=l;
        }
    }
}
```

（4）修改 Controller 类，实现 ShapeListener 接口。

```java
public class Controller extends KeyAdapter implements ShapeListener{
    public void shapeMoveDown(Shape shape) {
        gamePanel.display(ground,shape);
    }
    public boolean isShapeMoveDownable(Shape shape) {
        boolean result=ground.isMoveable(shape, Shape.DOWN);
        return false;
    }
}
```

（5）修改 ShapeFactory 类，给方块添加 ShapeListener 监听器。

```java
public class ShapeFactory {
    public Shape getShape(ShapeListener listener){
        System.out.println("ShapeFactory's getShape");
        Shape shape=new Shape();
        shape.addShapeListener(listener);
        return shape;
    }
}
```

（6）新建一个 Test 类，完成游戏中各个类的组装。

```java
package cn.unit6.tetris.test;
import javax.swing.JFrame;

import cn.unit6.tetris.controller.Controller;
import cn.unit6.tetris.entities.Ground;
import cn.unit6.tetris.entities.ShapeFactory;
import cn.unit6.tetris.view.GamePanel;

public class Test {
    public static void main(String[] args) {
        ShapeFactory shapeFactory=new ShapeFactory();
        Ground ground =new Ground();
```

```
        GamePanel gamePanel=new GamePanel();

        Controller controller=new Controller(shapeFactory,ground,gamePanel);

        JFrame frame=new JFrame();
        frame.setSize(gamePanel.getSize().width+10,gamePanel.getSize().height+10);
        frame.add(gamePanel);
        gamePanel.addKeyListener(controller);
        frame.addKeyListener(controller);
        frame.setVisible(true);
        controller.newGame();
    }
}
```

【任务小结】

本任务完成方块的产生，使用二维数组表示不同方块的不同状态。并且使用多线程和监听器完成方块的自动下落。

【思考与习题】

完成其余六种方块的不同状态的二维数组的表示方式，并添加到程序当中。

任务四 方块的移动与显示

【任务描述】

用户单击键盘上的方向键，可以控制方块向左移，向右移或向下移。需要注意游戏的界面是有边界的，当图形到达游戏界面边界时，则不能继续移动。

本任务的关键点：
- 键盘事件的处理。
- 游戏的流程逻辑。
- 游戏界面的大小和方块的位置。

【任务分析】

本任务主要实现用户单击键盘上的方向键用以控制方块向左移、向右移或向下移。使用键盘监听器监听并处理该事件。游戏的界面由多行多列的小格子组成，需设置格子的宽度，以及界面上由多少行和多少列组成。每次移动均需重新绘制方块，并判断是否超出界面边界，是否可以移动。

【预备知识】

1. 线程同步

Java 提供了多线程机制，通过多线程的并发运行可以提高系统资源的利用，改善系统性能。但由于多线程要共享内存资源，因此有可能一个线程正在使用某个资源，而另一个线程却在更新它，这样，会造成数据的不正确。因此对于多个线程共享的资源，必须采取措施，使得每次只确保一个线程能使用它，这就是多线程中的同步（synchronization）问题。在 Java 中，属于同一个主程序的线程会使用相同的堆栈来放置实例和成员变量,而局部变量则会存放在另外的堆栈中,因此需要特别注意实例和成员变量的使用。

多线程使用不当可能造成数据混乱。例如,两个线程都要访问同一个共享变量,一个线程读这个变量的值并在这个值的基础上完成某些操作,与此同时,另一个线程改变了这个变量值,但第一个线程不知道,这就可能造成数据混乱。下面模拟两个用户从银行取款的操作造成数据混乱的一个例子。

例6.10 设计一个模拟用户从银行取款的应用程序。设某银行账户存款额的初始值是2000元,用线程模拟两个用户从银行取款的情况。

```java
/*模拟银行账户类*/
class Mbank {
    private static int sum = 2000;
    public static void take(int k) {
        int temp = sum;
        temp -= k;
        try {
            Thread.sleep((long) (1000 * Math.random()));
        } catch (InterruptedException e) {
        }
        sum = temp;
        System.out.println("sum=" + sum);
    }
}
/* 模拟用户取款的线程类 */
class Customer extends Thread {
    public void run() {
        for (int i = 1; i <= 4; i++) {
            Mbank.take(100);
        }
    }
}
/* 调用线程的主类 */
public class Example6_10 {
    public static void main(String[] args) {
        Customer c1 = new Customer();
        Customer c2 = new Customer();
        c1.start();
        c2.start();
    }
}
```

程序运行结果如图 6-16 所示。

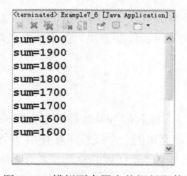

图 6-16 模拟两个用户从银行取款

[程序说明]

该程序的本意是通过两个线程分多次从一个共享变量中减去一定数值,以模拟两个用户从银行取款的操作。

①类 Mbank 用来模拟银行账户,其中静态变量 sum 表示账户现有存款额,Customer 类表示取款操作,方法 take()中的参数 k 表示每次的取款数。为了模拟银行收款过程中的网络阻塞,让系统休眠一个随机时间段,再来显示最新存款额。

②Customer 是模拟用户取款的线程类,在 run()方法中,通过循环 4 次调用 Mbank 类的静态方法 take(),从而实现分 4 次从存款额中取出 400 元的功能。

③Example6_10 类启动创建两个 Customer 类的线程对象,模拟两个用户从同一账户中取款。

账户现有存款额 sum 的初始值是 2000 元,如果每个用户各取出 400 元。存款额的最后余额应该是 1200 元。但程序的运行结果却并非如此,并且运行结果是随机的,每次互不相同。

之所以会出现这种结果,是由于线程 c1 和 c2 的并发运行引起的。例如,当 c1 从存款额 sum 中取出 100 元,c1 中的临时变量 temp 的初始值是 2000 元,取款后 temp 的值变为 1900,在将 temp 的新值写回 sum 之前,c1 休眠。在 c1 休眠的这段时间内,c2 读取 sum 的值,其值仍然是 2000,然后将 temp 的值改变为 1900,在将 temp 的新值写回 sum 之前,c2 也进入休眠。这时,c1 休眠结束,将 temp 的值更改为 1900,并输出 1900。接着进行下一轮循环,将 sum 的值改为 1800,并输出,再继续循环,在将 temp 的值改变为 1700 之后,还未来得及将 temp 的新值写回 sum 之前,c1 进入休眠状态。这时,c2 休眠结束。将它的 temp 的值 1900 写入 sum 中,并输出 sum 的现有值 1900。如此继续。直到每个线程结束,出现了和原来设想不符的结果。

通过对该程序的分析,发现出现错误结果的根本原因是两个并发线程共享同一内存变量所引起的。后一线程对变量的更改结果覆盖前一线程对变量的更改结果,造成数据混乱。为了防止这种错误的发生,Java 提供了一种简单而又强大的同步机制。

使用同步线程是为了保证在一个进程中多个线程能协同工作,所以线程的同步很重要。所谓线程同步就是在执行多线程任务时,一次只能有一个线程访问共享资源,其他线程等待,只有当该线程完成自己的执行后,另外的线程才可以进入。

(1)Synchronized 方法

当两个或多个线程要同时访问共享数据时,一次只允许一个线程访问共享资源,支持这种互斥的机制称为监视器(MiW)。在一段时间内只有一个线程拥有监视器,拥有监视器的线程才能访问相应的资源,并锁定资源不让其他线程访问。所有其他的线程在试图访问被锁定的资源时被挂起,等待监视器解锁。那么 Java 是如何表示这些监视器对象的呢?事实上,所有 Java 对象都有与它们相关的隐含监视器。进入对象监视器的办法是调用对象由 Synchronized 修饰的方法。只要一个线程进入由 Synchronized 修饰的方法,同类对象的其他线程就不能进入这个方法而必须等待,直到该线程执行完毕,再释放这个 Synchronized 所修饰的方法。

如图 6-17 所示,用 Synchronized 来标识的区域或方法即为监视器监视的部分,当有线程访问该方法时,其他线程不能进入。

声明 Synchronized 方法的一般格式如下:

```
public synchronized 返回类型 方法名()
{
    …     /*方法体*/
}
```

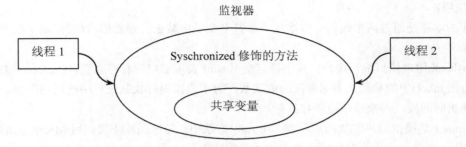

图 6-17 用 Synchronized 锁定资源

Synchronized 关键字除了可以放在方法声明中表示整个方法为同步方法外，还可以放在对象前面限制一段代码的执行，如：

```
public synchronized 返回类型方法名()
{
    synchronized(this)
    {
    …    /*一段代码*/
    }
}
```

另外，如果 Synchronized 用在类声明中，则表示该类中的所有方法都是 Synchronized 的。

例 6.11 改写例 6.10，用线程同步的方法设计用户从银行取款的应用程序。

```java
class Mbank {
    private static int sum = 2000;
    public synchronized static void take(int k) {
        int temp = sum;
        temp -= k;
        try {
            Thread.sleep((long) (1000 * Math.random()));
        } catch (InterruptedException e) {
        }
        sum = temp;
        System.out.println("sum=" + sum);
    }
}
/* 模拟用户取款的线程类 */
class Customer extends Thread {
    public void run() {
        for (int i = 1; i <= 4; i++) {
            Mbank.take(100);
        }
    }
}
/* 调用线程的主类 */
public class Example6_11 {
    public static void main(String[] args) {
        Customer c1 = new Customer();
        Customer c2 = new Customer();
        c1.start();
        c2.start();
    }
}
```

程序运行结果如图 6-18 所示。

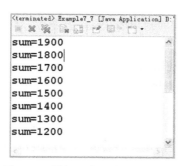

图 6-18　模拟两个用户从银行取款

[程序说明]

该程序与例 6.10 比较，只是在程序的第 3 行将

  public static void take(int k)

改成：

  public synchronized static void take(int k)

即将 take()方法用 synchronized 修饰成线程同步的方法。由于对 take()方法增加了同步限制，所以在线程 c1 结束 take()方法运行之前，线程 c2 无法进入 take()方法。同理，在线程 c2 结束 take()方法运行之前，线程 c1 无法进入 take()方法。从而避免了一个线程对 sum 变量的更改结果覆盖了另一线程对 sum 变量的更改结果。

（2）管程及 wait()、notify()方法

在 Java 中，运行环境使用管程（Monitor）来解决线程同步的问题。能够拒绝线程访问和通知线程允许访问某个线程的一个对象称为管程。管程（有时称为互斥锁机制）是一对并发同步机制，它包括用于分配一个特定的共享资源或一组共享资源的数据和方法。Java 为每一个拥有 Synchronized 方法的实例对象提供了一个唯一的管程（互斥锁）。为了完成分配资源的功能，线程必须调用管程入口或拥有互斥锁。管程入口就是 Synchronized 方法入口。当调用同步方法时，该线程就获得了该管程。管程实行严格的互斥，在同一时刻，只允许一个线程进入。如果调用管程入口的线程发现资源已被分配，管程中的这个线程将调用等待操作 wait()。进入 wait()后的线程放弃管理的拥有权，在管程外面等待，以便其他线程进入管程。最终，占用资源的线程将资源归还给系统，此时，该线程需调用一个通知操作 notify()，通知系统允许其中一个正在等待的线程获得管程并得到资源。被通知的线程是排队的，从而避免无限拖延。在 Java 中还提供了用来编写同步执行线程的两个方法：wait()和 notify()。此外还有 notifyAll()，它通知所有等待的线程，使它们竞争管程（互斥锁），结果是其中一个获得管程（互斥锁），其余返回等待状态。

Java 中每个类都是由基本类 Object 扩展而来的，因而每个类都可以从那里继承 wait()和 notify()方法，这两种方法都可以在 Synchronized 方法中调用。

Wait()方法的定义如下：

  public final void wait() throws InterruptedException

该方法引起线程释放它对管程的拥有权而处于等待状态，直到被另一个线程所唤醒。唤醒后该线程重新获得管程的拥有权并继续执行。如果一个等待状态的线程没有被任何线程唤醒，那么它将永远等待下去。

notify()方法的定义如下：
public final native void notify()

该方法通知一个等待的线程：某个对象的状态已改变，等待的线程有机会重新获得线程的管程拥有权。

在完成同步过程中，也可不调用 wait()和 notify()方法。但如果调用了 wait()方法，就必须保证一个匹配的 notify()方法被调用。否则这个等待的线程将无休止的等待下去。因此，wait()和 notify()方法使用不当，就有可能造成死锁。

死锁是在特定应用程序中所有的线程处在等待状态。并且相互等待其他线程被唤醒。Java 对死锁无能为力。解决死锁的任务完全落在程序员身上，程序员必须保证在他的代码结构中不会产生死锁。

例 6.12 设计一个模拟车辆通过交通路口的程序。

```java
import java.applet.Applet;
import java.awt.*;
public class Example6_12 extends Applet implements Runnable {
    Thread AnimThread = null;
    ICar LRcar, TBcar;
    TrafficCop tCop;
    public void init() {
        resize(400, 400);
        tCop = new TrafficCop();
        LRcar = new ICar(tCop, ICar.leftToRight, 30);
        TBcar = new ICar(tCop, ICar.topToBotton, 20);
    }
    public void start() {
        if (AnimThread == null) {
            AnimThread = new Thread(this);
            AnimThread.start();
            if (LRcar != null && TBcar != null) {
                LRcar.start();
                TBcar.start();
            }
        } else {
            AnimThread.resume();         // 恢复线程运行
            if (LRcar != null) {
                LRcar.resume();
            }
            if (TBcar != null) {
                TBcar.resume();
            }
        }
    }
    public void stop() {
        AnimThread.suspend();            // 挂起线程
        if (LRcar != null) {
            LRcar.suspend();
        }
        if (TBcar != null) {
            TBcar.suspend();
        }
    }
    public void run() {
        while (true) {
```

```java
            try {
                Thread.sleep(50);
            } catch (InterruptedException e) {
            }
            repaint();
        }
    }
    public void paint(Graphics g) {
        Color savaColor = g.getColor();
        g.setColor(savaColor);
        g.fillRect(0, 180, 400, 40);
        g.fillRect(180, 0, 40, 400);
        LRcar.drawCar(g);
        TBcar.drawCar(g);
    }
    public void update(Graphics g) {
        if (!isValid()) {
            paint(g);
            return;
        }
        LRcar.drawCar(g);
        TBcar.drawCar(g);
    }
}
class ICar extends Thread {
    public int lastPos = -1;
    public int carPos = 0;
    public int speed = 10;                    // 初始化车辆速度
    public int direction = 1;                 // 初始化车辆的行驶方向
    public TrafficCop tCop;
    public final static int leftToRight = 1;
    public final static int topToBotton = 2;
    public ICar(TrafficCop tCop) {
        this(tCop, ICar.leftToRight, 10);
    }
    public ICar(TrafficCop tCop, int direction, int speed) {
        this.tCop = tCop;
        this.speed = speed;
        this.direction = direction;
    }
    public void run() {
        while (true) {
            tCop.checkAndGo(carPos, speed);
            carPos += speed;
            if (carPos >= 400) {
                carPos = 0;
            }
            try {
                Thread.sleep(200);
            } catch (InterruptedException e) {
            }
        }
    }
    public void drawCar(Graphics g)           // 绘制车辆
    {
```

```java
            if (direction == ICar.leftToRight)        // 方向判断
            {
                if (lastPos >= 0)                     // 位置判断
                {
                    g.setColor(Color.black);
                    g.fillRect(0 + lastPos, 185, 40, 32);
                }
                g.setColor(Color.gray);
                g.fillOval(2 + carPos, 185, 10, 10);
                g.fillOval(26 + carPos, 185, 10, 10);
                g.fillOval(2 + carPos, 205, 10, 10);
                g.fillOval(26 + carPos, 205, 10, 10);
                g.setColor(Color.green);
                g.fillOval(0 + carPos, 190, 40, 20);
                lastPos = carPos;
            } else {
                if (lastPos >= 0) {
                    g.setColor(Color.black);
                    g.fillRect(185, 0 + lastPos, 32, 40);
                }
                g.setColor(Color.gray);
                g.fillOval(185, 2 + carPos, 10, 10);
                g.fillOval(185, 26 + carPos, 10, 10);
                g.fillOval(205, 2 + carPos, 10, 10);
                g.fillOval(205, 26 + carPos, 10, 10);
                g.setColor(Color.yellow);
                g.fillOval(190, 0 + carPos, 20, 40);
                lastPos = carPos;
            }
        }
        public void updateCar(Graphics g)             // 更新
        {
            if (lastPos != carPos) {
                drawCar(g);
            }
        }
    }
    class TrafficCop                                  // 该类用于 ICar 线程控制
    {
        private Boolean IntersectionBusy = false;
        // 同步方法
        public synchronized void checkAndGo(int carPos,int speed) {
            if (carPos + 40 < 180 && carPos + 40 + speed >= 180
                && carPos + speed <= 220) {
                while (IntersectionBusy) {
                    try {
                        wait();
                    }// 使线程处于等待状态
                    catch (InterruptedException e) {
                    }
                }
                IntersectionBusy = true;
            }
            if (carPos + speed > 220) {
                IntersectionBusy = false;
```

            }
            notify();// 线程能够退出等待状态
        }
    }
}

程序运行结果如图 6-19 所示。

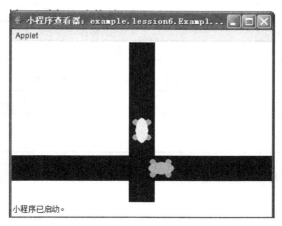

图 6-19 模拟车辆通过交通路口

[程序说明]

TrafficCop 类的功能是防止 Icar 线程发生碰撞。在本程序的第 156 行和第 165 行，使用由 Object 类提供的 wait()和 notify()方法来协同线程。wait()方法的调用将导致线程释放它的锁。调用 wait()方法线程将被挂起。直到另一个线程通过 notify()方法或 notifyAll()方法的调用来通知它。处于等待状态的线程随后将被唤醒。并试图重新获得对象锁的所有权。在 TrafficCop 类中，使用 wait()和 notify()方法来协调汽车在交通路口的交叉通过。notify()方法仅仅只是激活等待时间最长的线程。

2. 鼠标事件

在图形界面中，鼠标的使用是最频繁的。在 Java 中，当用户使用鼠标进行操作时，就会产生鼠标事件 MouseEvent，MouseEvent 类的方法如表 6.1 所示。对 MouseEvent 事件的响应是实现 MouseListener 接口或 MouseMotionListener 接口，或者是继承 MouseAdapter 类，来实现鼠标适配器 MouseAdapter 提供的方法。

表 6.1 MouseEvent 类的方法

方法	功能说明
int getX()	获取鼠标在事件源坐标系中的 X 坐标
int getY()	获取鼠标在事件源坐标系中的 Y 坐标
getModifiers()	获取鼠标的左键或右键
getclickCount()	获取鼠标被单击的次数
getSource()	获取发生鼠标事件的事件源

与鼠标事件行关的可以分为两类：
- 主要针对鼠标的坐标位置进行检测，使用 MouseListener 接口，如表 6.2 所示。
- 主要针对鼠标的拖曳状态进行检测，使用 MouseMotionListener 接口，如表 6.3 所示。

表 6.2 MouseListener 接口的方法

方法	功能说明
mouseClicked(MouseEvent e)	处理鼠标单击事件
mouseEntered(MouseEvent e)	处理鼠标进入事件
mouseExited(MouseEvent e)	处理鼠标离开事件
mousePressed(MouseEvent e)	处理鼠标按下事件
mouseReleased(MouseEvent e)	处理鼠标释放事件

表 6.3 MouseMotionListener 接口的方法

方法	功能说明
mouseDragged(MouseEvent e)	处理鼠拖动放事件
mouseMoved(MouseEvent e)	处理鼠标移动事件

其中：鼠标的左键和右键分别使用 InputEvent 类中的常量 BUTTON1_MASK 和 BUTTON3_MASK 来表示。

事件源获得监听器的方法是 addMouseListener（监听器）。

3．键盘事件

在 Java 中，当用户使用键盘进行操作时，就会产生 KeyEvent 事件。监听器要完成对事件的响应，就要实现 KeyMouseListener 接口，或者是继承 KeyAdapter 类，实现对类中方法的定义。

在 KeyListener 接口中有如下 3 个事件。

- KEY_PRESSED：键盘按键被按下所产生的事件。
- KEY_RELEASED：键盘按键被释放所产生的事件。
- KEY_TYPED：键盘按键被敲击所产生的事件。

在实现接口时，对应的上面 3 个事件的处理方法如下：

```
public void keyPressed(KeyEvent e);
public void keyReleased(KeyEvent e);
public void keyTyped(KeyEvent e);
```

用 KeyEvent 类的 public int getKeyCode()方法，可以判断哪个键被按下、敲击或释放，getKeyCode 方法返回一个键码值，如表 6.4 所示。也可以用 KeyEvent 类的 public char getKeyChar()判断哪个键被按下、敲击或释放，getKeyChar()方法返回键上的字符。

表 6.4 键码表

键码	键	键码	键
VK_F1-VK_F12	功能键 F1～F12	VK_BACK_SPACE	退格键
VK_LEFT	向左箭头键	VK_ESCAPE	Esc 键
VK_RIGHT	向右箭头键	VK_CANCEL	取消键
VK_UP	向上箭头键	VK_CLEAR	清除键
VK_DOWN	向下箭头键	VK_SHIFT	Shift 键
VK_KP_UP	小键盘的向上箭头键	VK_CONTROL	Ctrl 键
VK_KP_DOWN	小键盘的向下箭头键	VK_ALT	Alt 键

续表

键码	键	键码	键
VK_KP_LEFT	小键盘的向左箭头键	VK_PAUSE	暂停键
VK_KP_RIGHT	小键盘的向右箭头键	VK_SPACE	空格键
VK_END	End 键	VK_COMMA	逗号键
VK_HOME	Home 键	VK_SEMICOLON	分号键
VK_PAGE_DOWN	向后翻页键	VK_PERIOD	.键
VK_PAGE_UP	向前翻页键	VK_SLASH	/键
VK_PRINTSCREEN	打印屏幕键	VK_BACK_SLASH	\键
VK_SCROLL_LOCK	滚动锁定键	VK_0~VK_9	0~9 键
VK_CAPS_LOCK	大写锁定键	VK_A~VK_Z	a~z 键
VK_NUM_LOCK	数字锁定键	VK_OPEN_BRACKET	[键
PAUSE	暂停键	VK_CLOSE_BRACKET	]键
VK_INSERT	插入键	VK_UNMPAD0-VK_N	小键盘上的 0~9 键
VK_DELETE	删除键	VK_QUOTE	单引号'键
VK_ENTER	Enter 键	VK_BACK_QUOTE	单引号'键
VK_TAB	制表符键		

例 6.13 设计一个程序，在界面上放 3 个按钮，用户可以通过按键盘方向键移动这些按钮组件。

```
/*通过按键盘方向键移动按钮组件*/
import java.awt.*;
import java.awt.event.* ;
public class MainFrame extends Frame implements KeyListener
{
    Button b[ ]=new Button[3] ;    //定义按钮数组
    int x,y ;   //记录按钮的坐标位置

    MainFrame ()//初始化方法，生成按钮，并设置监听器
    {
        setLayout(new FlowLayout());
        for(int i=0;i<=2;i++)
        {
            b[i]=new Button(" "+i);;
            b[i].addKeyListener(this);
            add(b[i]);
        }
        setBounds(10,10,300,300);
        setVisible(true);
        validate();
    }

    public void keyPressed(KeyEvent e)     //设置键盘事件
    {   Button button=(Button)e. getSource();
        x=button.getBounds().x;
```

```
                y=button.getBounds().y;
                if(e.getKeyCode()= =KeyEvent.VK_UP)
                {   y=y-2 ;
                    if(y<=0)y=300;
                    uton.setLocation(x,y);
                }
                else if(e .getKeyCode()= =KeyEvent.VK_DOWN)
                {   y=y+2;
                    (y>=300)y=0;
                    utton.setLocation(x,y) ;
                }
                else if(e .getKeyCode()= =KeyEvent.VK_LEFT)
                {   x=x-2;
                    if(x<=0)x=300;
                    button.setLocation(x,y) ;
                }
                else if(e .getKeyCode()==KeyEvent.VK_RIGHT)
                {   x=x＋2;
                    if(x>=300)x=0;
                    button.setLocation(x,y) ;
                }
            }
            public void keyTyped(KeyEvent e){}
            public void keyReleased(KeyEvent e){}
        }
    public class Example6_13{
    public static void main(String args[]){
        MainFrame f=new MainFrame();
        }
    }
```

[程序说明]

①在程序的第 6 行，定义了一个按钮数组，在第 12 行用循环通过数组变量生成 3 个按钮，在第 13 行将这组按钮作为事件源向监听器注册。

②程序的第 18 行实现 KeyListener 接口的键盘事件方法 keyPressed(KeyEvent e)。

③第 19 行获取事件源，并强制转换为按钮类型。以便于控制当前正在操作的按钮。

④第 20 行、第 21 行获取当前按钮的坐标位置。

⑤第 22～41 行用键盘方向键向上、向下、向左、向右移动按钮。

⑥第 43、44 行的方法是接口的方法，由于没有用到，故为空方法。

【任务实施】

（1）方块通过 ShapeListener 监听器可以获得用户对键盘的操作，通过事件响应处理程序做出向左移、向右移及向下移的动作。方块类中保存自己的位置信息，顶点到左边界的距离为 left，顶点到上边界的距离为 top，如图 6-20 所示。方块的移动可以通过改变 left 和 top 的值来实现。

修改 Shape 类，添加如下代码：

```
public class Shape {
    private int left;
    private int top;
    public void moveLeft(){
        left--;
```

```
    }
    public void moveRight(){
        left++;
    }
    public void moveDown(){
        top++;
    }
    public void rotate(){
        status=(status+1)%body.length;
    }
}
```

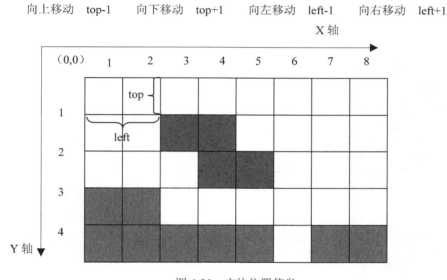

图 6-20　方块位置信息

（2）若想绘制方块，在界面中显示出来，就是根据方阵的数值，将值为 1 的格子在游戏界面中绘制出来，而值为 0 的格子则不绘制。方块的格子在显示区域中的位置为：

x 坐标：left+格子的 x 在方阵中的坐标。

y 坐标：top+格子的 y 在方阵中的坐标。

如图 6-20 所示，方块的坐标依次为：(2,1)=(2+0,1+0)、(3,1)=(2+1,1+0)、(3,2)=(2+1,1+1)、(4,2)=(2+2,1+1)。

现在需要确定游戏界面中格子的大小。如图 6-21 所示 x 值=left*格子的宽度，y 值=top*格子的高度，即可得到格子的左上角坐标。

1）创建 Global 类，存储项目中所需常量。

```
package cn.unit6.tetris.util;

public class Global {
    public static final int CELL_SIZE=20;
    public static final int WIDTH=15;
    public static final int HEIGHT=15;
}
```

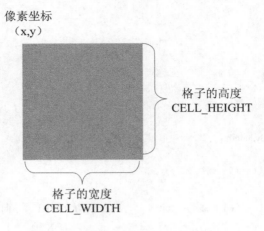

图 6-21 格子的大小

2) 修改 Shape 类，完成方块绘制。

```java
public class Shape {
public void drawMe(Graphics g){
    g.setColor(Color.BLUE);
    for(int x=0;x<4;x++){
        for(int y=0;y<4;y++){
            if(getFlagByPoint(x,y)){
                g.fill3DRect((left+x)*Global.CELL_SIZE, (top+y)*Global.CELL_SIZE,
                    Global.CELL_SIZE, Global.CELL_SIZE, true);
            }
        }
    }
}
//判断方阵中的标识是否为1
private boolean getFlagByPoint(int x,int y){
    return body[status][y*4+x]==1;
}
}
```

3) 修改 GamePanel 类，修改绘制方法。

```java
public class GamePanel extends JPanel{
protected void paintComponent(Graphics g){
    //擦除原来的方块
    g.setColor(new Color(0xcfcfcf));
    g.fillRect(0,0,300,300);
    //重新绘制
    if(shape!=null && ground!=null){
        shape.drawMe(g);
        ground.drawMe();
    }
}
}
```

（3）方块在移动中，左右移动可以移出界面的边界，向下会与障碍物重叠，这是游戏中不允许的。解决的方法是，在方块每次移动之前，对障碍物和边框的边界进行判断，是否在范围内，是否可以移动。

1) 修改 GamePanel 中，对界面大小的定义，不再使用明确的数值，而是使用格子为单位。

```java
public class GamePanel extends JPanel{
    protected void paintComponent(Graphics g){
        //擦出原来的方块
        g.setColor(new Color(0xcfcfcf));
        g.fillRect(0,0,Global.WIDTH*Global.CELL_SIZE,Global.HEIGHT*Global.CELL_SIZE);
        //重新绘制
        if(shape!=null && ground!=null){
            shape.drawMe(g);
            ground.drawMe();
        }
    }
    public GamePanel(){
        this.setSize(Global.WIDTH*Global.CELL_SIZE,Global.HEIGHT*Global.CELL_SIZE);
    }
}
```

2）修改 Shape 类，增加方块的动作信息，定义为常量；增加返回方块位置信息的方法；增加判断坐标是否属于方块的方法。

```java
public class Shape {
    public static final int ROTATE=0;
    public static final int LEFT=1;
    public static final int RIGHT=2;
    public static final int DOWN=3;
    public int getTop(){
        return top;
    }
    public int getLeft(){
        return left;
    }
    //判断坐标是否属于方块
    public boolean isMember(int x,int y,boolean rotate){
        int tempStatus=status;
        if(rotate){
            tempStatus=(status+1)%body.length;
        }
        return body[tempStatus][y*4+x]==1;
    }
}
```

3）修改 Ground 类，添加方法判断方块是否超出边界。

```java
public class Ground {
//判断是否超出边界
    public boolean isMoveable(Shape shape,int action){
        //得到方块的当前位置信息
        int left=shape.getLeft();
        int top=shape.getTop();
        //根据方块所做的动作，得到它将移动到的位置信息
        switch(action){
        case Shape.LEFT:
            left--;
            break;
        case Shape.RIGHT:
            left++;
            break;
        case Shape.DOWN:
            top++;
```

```
            break;
        }
        //依次取出方块中的点，判断是否超出显示区域
        for(int x=0;x<4;x++){
            for(int y=0;y<4;y++){
                if(shape.isMember(x, y,action==Shape.ROTATE)){
                    if(top+y>=Global.HEIGHT|| left+x<0 ||left+x>=Global.WIDTH)
                        return false;
                }
            }
        }
        return true;
    }
}
```

4）修改 Controller 类，在用户单击方向键之后，判断是否会超过边界，能否执行该操作。

```
public class Controller extends KeyAdapter implements ShapeListener{
    public void keyPressed(KeyEvent e){
        switch(e.getKeyCode()){
        case KeyEvent.VK_UP:
            if(ground.isMoveable(shape, Shape.ROTATE))
                shape.rotate();
            break;
        case KeyEvent.VK_DOWN:
            if(ground.isMoveable(shape, Shape.DOWN))
                shape.moveDown();
            break;
        case KeyEvent.VK_LEFT:
            if(ground.isMoveable(shape, Shape.LEFT))
                shape.moveLeft();
            break;
        case KeyEvent.VK_RIGHT:
            if(ground.isMoveable(shape, Shape.RIGHT))
                shape.moveRight();
            break;
        }
        gamePanel.display(ground,shape);
    }
}
```

（4）现在存在的问题是：方块除了用户操作移动之外，仍然会自动下落。因此需要在自动下落前判断是否可以下落。

1）在 ShapeListener 监听器中，添加一个方法判断方块是否可以下落。

```
public interface ShapeListener {
    //判断方块是否可以下落
    boolean isShapeMoveDownable(Shape shape);

}
```

2）在 Controller 类中实现该方法，判断下落是否超出边界，若没有超出则产生方块。该方法多个位置需要用到，因此它需要是同步的。

```
public class Controller extends KeyAdapter implements ShapeListener{
    public synchronized    boolean isShapeMoveDownable(Shape shape) {
        if(ground.isMoveable(shape, Shape.DOWN)){
            return true;
```

```
        }
        ground.accept(this.shape);
        this.shape=shapeFactory.getShape(this);
        return false;
    }
}
```

3）修改 Shape 类，自动下落之前先判断是否可以下落。

```
public class Shape {
private class ShapeDriver implements Runnable{
        public void run() {
            while(listener.isShapeMoveDownable(Shape.this)){
                moveDown();
                listener.shapeMoveDown(Shape.this);
                try {
                    Thread.sleep(1000);
                } catch (Exception e) {
                    e.printStackTrace();
                }
            }
        }
    }
}
```

【任务小结】

本任务通过键盘事件响应用户对方块的操作，实现向左移、向右移或向下移的功能。通过设置组成游戏界面的小方块的大小，设置游戏界面的大小。控制方块的移动不能超过界面的大小。

【思考与习题】

1．编写多线程程序完成两个小球的运动。第一个红色小球做自由落体运动，第二个蓝色小球做平抛运动。

2．编写程序模拟 3 个人买票，张某、李某和赵某买电影票，售票员只有 3 张五元的钱，电影票五元钱一张。张某拿二十元一张的人民币排在李某的前面买票，李某排在赵某的前面拿一张十元的人民币买票，赵某拿一张五元的人民币买票。

任务五 障碍物的生成与消除

【任务描述】

方块下落后变为障碍物，将下落后的方块变成障碍物显示，当一行中每个小格子都被障碍物填满后，就消除该行。

本任务的关键点：
- 方块变成障碍物时，计算需要显示为障碍物的小格子。
- 如何判断一行都被障碍物填满。

【任务分析】

将方块变成障碍物时,对游戏界面上的小方格进行计算,并用代码的方式表达出来。判断一行是否被障碍物填满时,也需要计算游戏界面上的小方格,并用代码的方式表达出来。因此本任务的难点在于根据需要设置界面上的小方格的显示状态。

【预备知识】

Eclipse 是现阶段开发 Java 程序最常用的开发平台。在该平台上可以添加各种不同的插件,使开发人员能够更容易地去开发 Java 应用程序、Java Web 程序或是 Java 手机程序。因此,能够熟练地掌握 Eclipse 的使用,熟知其中的使用技巧,对提高程序编写效率是非常有帮助的。

(1) Eclipse 常用快捷键见表 6.5。

表 6.5 Eclipse 常用快捷键

快捷键	说明
Ctrl+C	复制
Ctrl+X	剪切
Ctrl+V	粘贴
Ctrl+Z	撤销
Ctrl+F	查找/替换
Ctrl+H	搜索文件或字符串
Ctrl+Y	重做
Ctrl+/	添加或取消注释
Alt+/	内容辅助(代码提示)
Ctrl+Shift+F	格式化代码

(2) 编码辅助快捷键

Ctrl+D:删除当前行。

Ctrl+Alt+Down(Up):复制当前行到下(上)一行中。比 Ctrl+C 单纯的复制功能要方便好用(省掉了粘贴步骤),主要是用在编写代码时,需要移动代码的地方。

Alt+Down、Alt+Up:移动单行(多行)代码。也是比 Ctrl+C 更好用的快捷键。

Alt+Shift+J:给类、方法、变量添加注释,在类、方法、变量首行,按下此组合键。之所以建议使用,是为了代码的规范性。现在很多人都没有给自己写的类、方法、变量加上 doc 文档注释,根本无法生成 api 文档。因此每个人在添加一个类、方法时,必须给它加上标准的 doc 文档注释(添加类注释有更简便的方法,具体参考后面的配置章节)。

Ctrl+1:Fixed 的快捷键,提示代码错误原因以及处理办法。跟双击代码中的红叉具有同样的功能。这是一个常用功能。一般用于修改语法错误。但是在增加接口方法(或参数),类方法(或参数)时,更能体现出它的便捷之处。比如当要为一个接口或类增加一个方法时,只需在要调用的地方写上方法和参数(先不要定义),Ctrl+1,选择 create method…就可以自动增加想要的方法,节省了很多要写的代码。本质是先制造一个错误的语法，让系统自动修复功能帮助完成代码。

Ctrl+2：修改变量名，定义变量。按下快捷键，会弹出一个快捷键列表（窗口右下角），再选择要做的操作。

（3）快速定位快捷键

Ctrl+Shift+R：在 Eclipse 中快速定位文件（任何类型）。有了这个，只要记得文件的大概名字，就可以通过模糊查询搜索出来。而不需要为了打开某个模块中的某个 Java 类，一个个文件的查找。在学习源码的时候，更是不可或缺。

Ctrl+O：在文件中查找变量或方法。一般的做法是，拉动滚动条逐个查找自己要找的方法。现在只要输入方法的名字前面几个字母，就可以快速过滤出所要的方法。

Ctrl+Q：返回上次编辑的地方。有时打开太多的 Java 类，当需要返回刚刚编辑过的地方时，这个键可以一步到位。

Ctrl+T：打开某个方法的声明。通过这个，可以快速找到这个方法所属的类或接口，查看该方法的内容。

Ctrl+W：关闭正在编辑的活动窗口。

Ctrl+K（向下查找），Ctrl+Shift+K（向上查找）：当选中某个字符串后，按这个快捷键，可以在当前文档快速定位到再次出现该字符串的位置。在查找变量、方法时非常实用。

Ctrl+J：按下此键，输入字符串，就可以看到光标在页面中不断跳转，定位到所需位置。

Ctrl+L：定位到第几行。

Ctrl+E：选择要激活的文件窗口。

Alt+←或 Alt+→：定位上（前）一步浏览的那个位置（或错误）。曾经浏览过几个 Java 文件，当转到其他文件后，又想回到刚才访问的文件，就使用这个键，或者通过工具栏上的按钮。

Alt+Shift+Z：选中一段代码，按下此键，可以选择常用的块结构，如 try-catch、while 等。

在 Package Explorer 视图右上角的按钮：有左右箭头的按钮，该按钮处于按下状态时，可以使打开的文件和导航视图中的文件同步。

（4）其他快捷键

Ctrl+M：窗口最大化。

Ctrl+Shift+L：打开快捷键面板。

Ctrl+Shift+L(2)：快速按下 L 两次，打开快捷键配置面板。

上面的快捷键都是在 Eclipse 中配置的，可以进入 Eclipse 中的 Window 菜单，选择 Preferences 子菜单，在弹出窗口的左部选择 General，然后在展开子项 keys 中查看或修改。

（5）重构快捷键

多使用重构功能，可以帮程序员更快地修改代码，减少出错的概率。

Alt+Shift+T：重构功能的面板的快捷键。

Alt+Shift+S：代码的编辑功能面板的快捷键。

Alt+Shift+R：修改变量、方法名。

在编码过程中，最经常做的操作是：修改变量名称。当变量用于 Java 类中很多的地方时，修改就比较麻烦，如果没有重构，就得逐个修改。如果用重构修改名字，只需要修改一次。

也可以直接打开重构菜单，进行重构操作。右键单击 Package Explorer 中工程名，在菜单中选择 Refactor。或者在代码编辑区中，单击右键，选择 Refactor（快捷键 Alt+Shift+T）。

（6）模板配置

现在最常用的快捷键可能是 Alt+/，或者在输入一个单词的一部分之后，让它弹出辅助代码。而这些都是通过模板来配置，可以添加自己的模板进去，不用每次都敲这么多代码。

打开菜单：Window→Preferences→Java→Editor→Templates。

在右边的列表中，可以看到系统中已经预置了很多模板。在写代码的时候，只要在空白地方使用快捷键 Alt+/，就可以看到它们。如 sysout, systrace, main, test。还有很多如 for, while, if 模板。

还可以添加自己的模板进去，重复使用。例如写一个 webwork 的 action 方法进去，以后在写 action 类的时候，就可以不用输入这么多代码了。

除了上述的模板外，还有一个可定制的模板。就是用快捷键（Alt+Shift+J）为一个类生成 doc 注释的时候，Eclipse 也是通过模板来生成的。如果修改了这个模板，以后就可以生成完全个性化的注释了。

打开菜单：Window→Preferences→Java→Code Style→Code template。

一个最常用的功能时，给类添加注释的时候，会将作者的姓名、创建时间等个性化的信息写进去，而程序员不可能每次都手工输入这些信息。所以就可以把这些信息放到这里的模板中来。

例如：打开右边面板的 Comments→Types 修改其内容为：

```
/**
 * 俄罗斯方块游戏：    <br>
 * @author Jack chen <br>
 * ${date} ${time}
 * ${tags}
 */
```

当为一个类添加注释时，就会看到效果了。或者打开 File→New→Class 时，在新建面板的下方，会有一个选项 Generate comments，选中。打开该新建类，就可以看到效果。

当使用快捷键 Ctrl+Shift+F 的时候，Eclipse 会格式化代码，使代码更符合规范、更整齐。而有时候虽然都使用了格式化功能，代码格式和别人也会不一样。

其实，都是因为格式化的样式不一样。这也是现在存在的一个问题，就是代码样式不统一，需要统一样式模板，然后每个开发人员都要使用同一个模板。

修改样式模板：window→Preferences→Java→Code style→Formator→右边面板的 edit 按钮。

Eclipse 已经预置了几个模板，供程序员选择。每个模板里面包括了样式的方方面面，可以针对其中的某一条做修改。根据个人喜好做相应调整。

Eclipse 功能很强大，还有很多功能并未在此一一列举。以上只是一些在使用 Eclipse 过程中的技巧，希望大家发现其中更好用的功能，提高编程效率。

【任务实施】

（1）障碍物和方块一样都是用格子不同的状态来表示的。因此，用一个和显示区域格子相对应的二维数组来保存障碍物的信息。如果对应的位置是障碍物则数组中对应的值为 1，否则为 0。方块下落变为障碍物，实际就是将所有属于方块的格子对应的位置变成障碍物。

1）修改 Ground 类，在其中定义一个存储障碍物的二维数组，并实现 accept 方法将方块变成障碍物，实现 drawMe 方法，绘制障碍物。

```java
public class Ground {
    private int [][] obstacles=new int[Global.WIDTH][Global.HEIGHT];
    public void accept(Shape shape){
        for(int x=0;x<4;x++){
            for(int y=0;y<4;y++){
                if(shape.isMember(x, y, false)){
                    obstacles[shape.getLeft()+x][shape.getTop()+y]=1;
                }
            }
        }
    }
    public void drawMe(Graphics g){
        for(int x=0;x<Global.WIDTH;x++){
            for(int y=0;y<Global.HEIGHT;y++){
                if(obstacles[x][y]==1){
                    g.fill3DRect(x*Global.CELL_SIZE, y*Global.CELL_SIZE, Global.CELL_SIZE, Global.CELL_SIZE, true);
                }
            }
        }
    }
}
```

2）现在只是将方块超过边界时变成障碍物，下面实现当方块碰上障碍物时，变成障碍物。修改 Ground 类中判断是否超出边界的方法，添加一个条件：是否碰上障碍物。

```java
public class Ground {
public boolean isMoveable(Shape shape,int action){
        //得到方块的当前位置信息
        int left=shape.getLeft();
        int top=shape.getTop();
        //根据方块所做的动作，得到它将移动到的位置信息
        switch(action){
        case Shape.LEFT:
            left--;
            break;
        case Shape.RIGHT:
            left++;
            break;
        case Shape.DOWN:
            top++;
            break;
        }
        //依次取出方块中的点，判断是否超出显示区域
        for(int x=0;x<4;x++){
            for(int y=0;y<4;y++){
                if(shape.isMember(x, y,action==Shape.ROTATE)){
                    if(top+y>=Global.HEIGHT|| left+x<0 ||left+x>=Global.WIDTH || obstacles[left+x][top+y]==1)
                        return false;
                }
            }
        }
        return true;
    }
}
```

（2）当产生下一个障碍物之前应判断是否有行被填满，若障碍物填充满某一行时，该行应该被消除。在本游戏中，消除一行障碍物实际是将该行上面的所有行整体下移一行。

1）在 Ground 类中定义删除被障碍物填满的行的方法。

```java
public class Ground {
//判断障碍物填满的行，并删除
    private void deleteFullLine(){
        //由下至上逐行进行判断
        for(int y=Global.HEIGHT-1;y>=0;y--){
            boolean full=true;
            for(int x=0;x<Global.WIDTH;x++){
                //如果某行中有障碍物值为0，则该行未填满
                if(obstacles[x][y]==0){
                    full=false;
                }
            }
            //若某行全是障碍物，则调用deleteLine()删除该行
            if(full){
                deleteLine(y);
            }
        }
    }
    //删除障碍物填满的行
    private void deleteLine(int lineNum){
        //从满行以上，整体下移一行
        for(int y=lineNum;y>0;y--){
            for(int x=0;x<Global.WIDTH;x++){
                obstacles[x][y]=obstacles[x][y-1];
            }
        }
        //将第一行设为空白
        for(int x=0;x<Global.WIDTH ;x++){
            obstacles[x][0]=0;
        }
    }
}
```

2）当产生下一个障碍物之前，调用该方法。

```java
public class Ground {
public void accept(Shape shape){
    for(int x=0;x<4;x++){
        for(int y=0;y<4;y++){
            if(shape.isMember(x, y, false)){
                obstacles[shape.getLeft()+x][shape.getTop()+y]=1;
            }
        }
    }
    deleteFullLine();
  }
}
```

【任务小结】

完成本任务后基本实现了俄罗斯方块游戏的主要功能，将方块变成障碍物并将满行的障碍物消除。

【思考与习题】

1．为本游戏添加一个分数计算的功能，每消除一行记 10 分。
2．为本游戏添加一个增加难度的功能，每消除 20 行，缩短方块产生时间 0.1 秒。

任务六 游戏结束

【任务描述】

当障碍物累积到游戏界面的最上方时,游戏结束不再产生新的方块。
本任务的关键点是:
- 判断障碍物是否出现在游戏界面的第一行。

【任务分析】

游戏结束是整个程序最后的一步,也是不可或缺的一步。当障碍物达到最高处时,已经没有空间继续游戏,此时应当停止产生新的方块。

【预备知识】

1. Eclipse 调试方法

在程序编码过程中,需要对代码进行调试。以前使用 System.out.println()方法来查看程序中出现的问题,将一些中间变量的值打印到控制台。但是这种方法效率太低,不适合真正的开发工作。

使用 Eclipse 的调试功能帮助程序员进行调试,不需要写输出语句来进行一步一步的测试了,可以使用 Eclipse 的"断点"功能。"断点"顾名思义就是能使程序暂停的点。可以让程序在需要暂停的代码行暂停,查看其内部的情况,甚至可以修改已有属性且不需要重新运行程序。

设置断点的方法有两个:第一,直接在代码行前面的蓝色竖条双击两次,就会看见出现一个小圆点,即在该行添加一个断点。再次双击即可删除该断点。第二,在代码行的前面蓝色竖条处单击右键,在弹出菜单中选择 Toggle Breakpoint,可添加断点,再次选择 Toggle Breakpoint,可删除断点。选择 Disable Breakpoint,可禁用该断点,如图 6-22 所示。

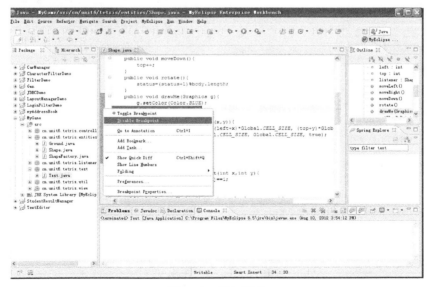

图 6-22 添加断点

断点添加完成后,可回到该工程的主类,即 main()方法所在的类。单击右键选择 Debug As 菜单,在下级菜单中选择 Java Application,用调试的方式运行该工程,如图 6-23 所示。

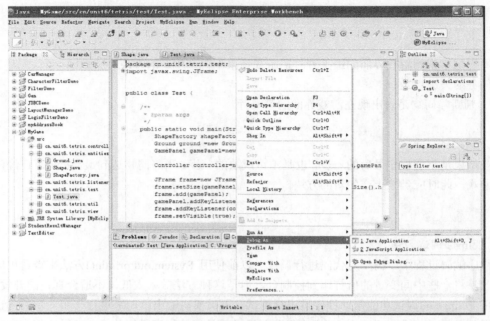

图 6-23　调试的方式运行程序

运行后,Eclipse 界面上多了两个窗口,如图 6-24 所示,左边是显示运行程序的窗口以及堆栈;右边显示变量和表达式。程序停止运行,暂停在设置了断点的代码行,该行用绿色底纹显示。

图 6-24　调试窗口

现在可以执行几个操作。其中比较基础的一个是单步操作。如果断点标注的是一个函数调用，选择单步进入"Step Into"，可以执行并进入到代码的下一行，如图 6-25 所示；如果想不执行方法的这一行，可以执行"Step over"，不进入方法。

假设使用单步跳入，并且进入了一个函数调用开始调试。这时如果使用一个"Step Return"，将完成执行方法的余下部分。并停留在方法后的将要执行的那一行代码中。

假设一步步通过了代码，并且希望完成程序的执行。可以单击位于左窗口顶端的"Resume"（继续）按钮。

如果不想再进行调试，并且想要程序结束，可以单击位于左窗口顶端的"Terminate"按钮。

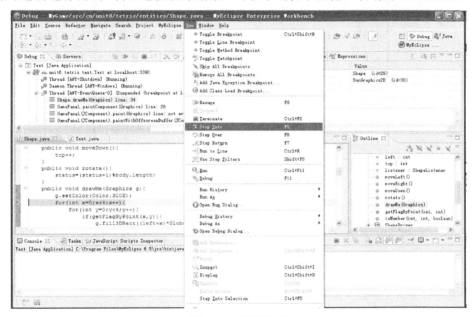

图 6-25　调试命令

2. Eclipse 调试技巧

（1）条件断点

条件断点，就是一个有一定条件的断点，只有满足了用户设置的条件，代码才会在运行到断点处停止。

在断点处单击鼠标右键，选择最后一个"Breakpoint Properties"如图 6-26 所示，弹出如图 6-27 所示对话框。

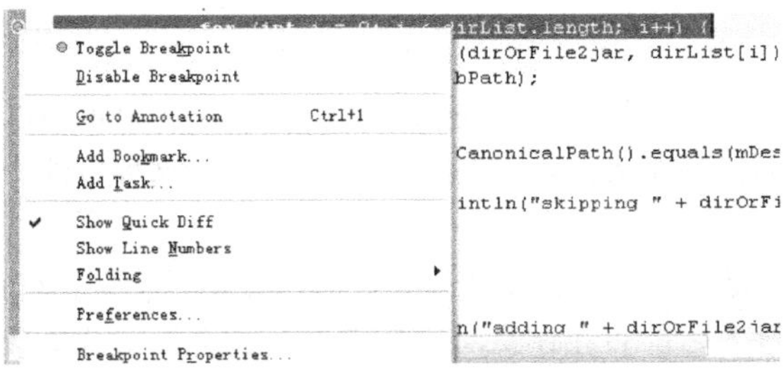

图 6-26　断点菜单

在断点属性界面上选择"Enable"复选框，表示启用该断点，取消选择为不启用该断点；选择"Hit Count"复选框，一般用在循环中，指定循环运行多少次时停止；选择"Enable Condition"复选框，在下面的文本框中填入条件，当该条件为真时暂停调试，如图 6-27 所示。

图 6-27　断点属性

（2）变量断点

断点不仅能打在语句上，变量也可以接受断点，如图 6-28 所示。

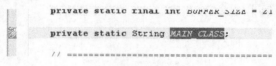

图 6-28　选择变量

图 6-28 就是一个打在变量上的断点，在变量的值初始化或是变量值改变时可以停止，当然变量断点上也是可以加条件的，和上面介绍的条件断点的设置是一样的。

（3）方法断点

方法断点就是将断点打在方法的入口处，如图 6-29 所示。

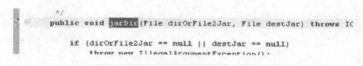

图 6-29　选择方法

方法断点的特别之处在于它可以打在 JDK 的源码里，由于 JDK 在编译时去掉了调试信息，所以普通断点不能打到里面，但是方法断点却可以，可以通过这种方法查看方法的调用栈。

（4）改变变量值

代码停在了断点处，但是传过来的值不正确，如何修改变量值确保代码继续正确的流程，或者有一个异常分支总是无法进入，能否在调试时修改条件，检查异常分支代码是否正确？

在 Debug 视图的 Variables 小窗口中，可以看到 mDestJarName 变量的值为"F:\Study\

eclipsepro\JarDir\jarHelp.jar",如图 6-30 所示。

图 6-30 变量窗口

可以在变量上单击右键,选择"Change Value...",如图 6-31 所示,在弹出的对话框中修改变量的值,或是在下方的值查看窗口中修改,使用 Ctrl+S 快捷键保存后,变量值就会变成修改后的新值,如图 6-32 所示。

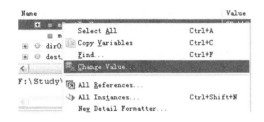

图 6-31 变量右键菜单

图 6-32 修改后的结果

(5)重新调试

这种调试的回退不是万能的,只能在当前线程的栈帧中回退,也就是说最多只能退回到当前线程调用的开始处。

回退时,在需要回退的线程方法上单击右键,选择"Drop to Frame",如图 6-33 所示。

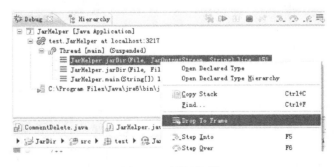

图 6-33 回退线程

【任务实施】

若有障碍物超出了上边界,就意味着游戏结束了。编写一个方法判断障碍物是否出现在第一行,若出现在第一行,则游戏结束。

(1)在 Ground 类中,编写判断游戏是否结束的方法。

```
public class Ground {
//判断第一行是否出现障碍物
```

```java
    public boolean isFull(){
        for(int x=0;x<Global.WIDTH;x++){
            if(obstacles[x][0] ==1){
                return true;
            }
        }
        return false;
    }
}
```

（2）在 Controller 类中，产生新方块之前判断游戏是否结束。

```java
public class Controller extends KeyAdapter implements ShapeListener{
public synchronized boolean isShapeMoveDownable(Shape shape) {
        if(ground.isMoveable(shape, Shape.DOWN)){
            return true;
        }
        ground.accept(this.shape);
        if(!ground.isFull()){
            this.shape=shapeFactory.getShape(this);
        }
        return false;
    }
}
```

【任务小结】

本任务的任务量相对比较少，但是一个项目的开发在编码完成之后还有一项不可缺少的任务就是测试。本项目仍有一些不完善的地方，需要大家去发现并修改。

【思考与习题】

1．为游戏添加一个"开始游戏"按钮，能够让用户选择开始游戏。
2．当游戏结束时，给使用者一个提示，使其明白游戏已结束。

请记住以下英语单词

shape [ʃeip] 外观，形状
rotate [rəu'teit] 旋转
ground [graund] 地面，场地
paint [peint] 画、绘画
graphics ['græfiks] 绘图，图像
sleep [sli:p] 睡眠
notify ['nəutifai] 通知，告知
priority [prai'ɔriti] 优先权，重点
random ['rændəm] 任意的，无计划的
dragged [d'rægd] 牵引的
released [ri'li:s] 释放，放开

draw [drɔ:] 绘画，画
factory ['fæktəri] 工厂
accept [ək'sept] 接受
repaint [ri:'peɪnt] 重新画
yield [ji:ld] 变形、折断
suspend [sə'spend] 暂停
wait [weit] 等待，等待
seed [si:d] 种子
synchronized ['sɪŋkrənaɪzd] 同步的
pressed [prest] 压